キーエンス流
性弱説経営

高杉康成

日経BP

キーエンス流　性弱説経営

はじめに

突然ですが、質問です。とある企業が顧客の要望を聞いてタブレットPCの新商品を開発しました。顧客の要望は以下の通りです。

「価格は多少高くてもいいので、小さいタブレットPCが欲しい」

これに対応するために、**従来品と同等の性能を持ち、縦横2㎝ずつ小さい新商品を開発。価格は従来品より2000円高くしました。**

ところが、この新商品は売れませんでした。

顧客の要望通りに作っても売れないのはなぜ?

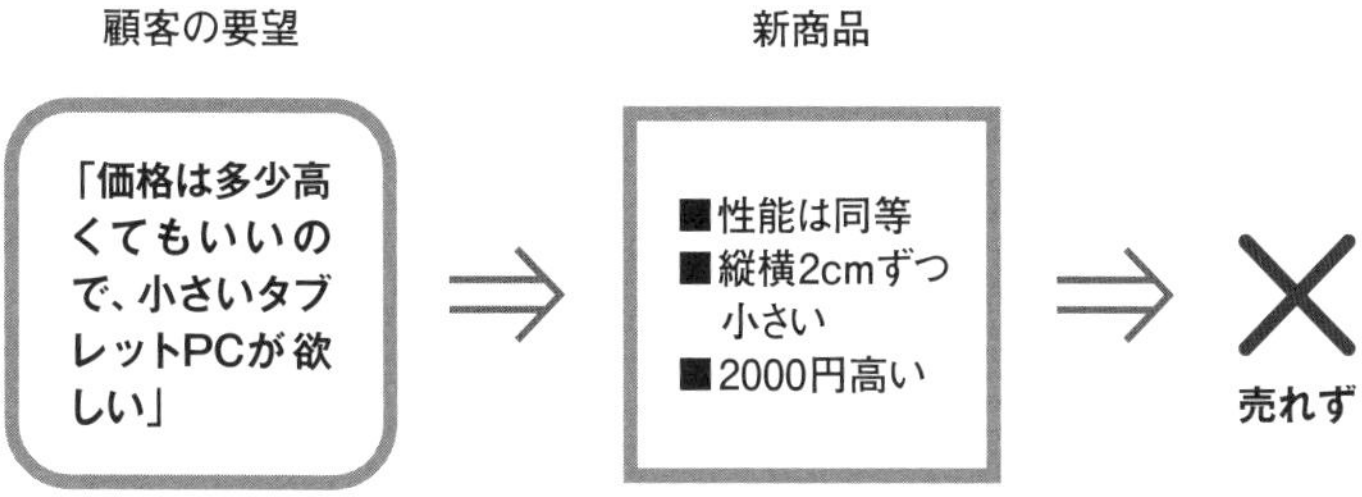
顧客の要望
新商品
「価格は多少高くてもいいので、小さいタブレットPCが欲しい」
■性能は同等
■縦横2cmずつ小さい
■2000円高い
売れず

なぜ売れなかったのでしょうか。それはこの会社が、「**顧客ニーズの罠**《わな》」にはまってしまったからです。顧客は、商品に対して自分が感じたことを話してくれます。「小さいものが欲しい」「黒色が欲しい」「軽いものが欲しい」など、**様々な要望＝ニーズ**を教えてくれます。

実は、ここに罠が潜んでいるのです。**顧客が教えてくれたものすべてが、新商品に採用できるニーズとは限らない**のです。「相手は正しい内容を話してくれているに違いない」「顧客からの要望通りに新商品を作れば売れる」という、性善説的な前提に立っていると、この罠に引っかかってしまいます。

先ほどの、「価格は多少高くてもいいので、小さいタブレットPCが欲しい」という顧客の要望は、2つのニーズに分けることができます。

■小さいサイズが欲しい
■価格は多少高くてもいい

この2つですね。問題は、これらの要望の根拠です。1つ目の「小さいサイズが欲しい」というニーズについて詳しく聞いてみると、

「持ち物が増えたので小さいタブレットPCが欲しい」

という話でした。これだけではよく分からないのでさらに聞いてみると、

■ゲリラ豪雨に備えて、折り畳み傘を常に持ち歩くようになった
■暑い日が多いのでペットボトルの飲み物を持ち歩くようになった
■コロナ禍を経てマスクや消毒用品などを持ち歩くようになった

といった話を教えてくれました。なるほど。今まで持ち歩いていなかったものを持ち歩

くようになったので、一緒に持ち歩くタブレットPCのサイズを小さくしたいというニーズでした。ここまで掘り下げると根拠が分かり、納得感があります。

では2つ目の、「価格は多少高くてもいい」のニーズはどうでしょうか。これについても詳しく聞いてみると、

■友達が持っている小さくて高性能なスマートフォンの価格は高いので、タブレットPCもサイズを小さくすると価格が高くなると思った

■本当は安いほうがいいけど、サイズが小さくなるなら価格は妥協しないといけないと思った

一見すると「なるほど!」だけど……

一見すると、「なるほど!」と思えます。しかし、どちら文末に「思った」とあるのがポイントです。サイズに関する話は、傘やペットボトル、消毒用品などを持ち歩いているという事実に基づいた要望でした。

ところが、価格に関する話は、具体的な根拠がない中での、この人の「意見」です。しかも、心の中では価格が安いほうがいいと思っているのに、友達が持っているスマートフォンの情報に影響されて、本心と真逆の内容を伝えています。そもそもニーズとして正しくないのです。そんな意見を「顧客からのニーズ」として商品開発に反映させてしまったため、この商品は失敗してしまいました。

少し考えてみれば合点がいきます。コストパフォーマンス（コスパ）やタイムパフォーマンス（タイパ）というように、最近は何かと効率性が求められます。2㎝ずつ小さくなっても価格が上がってしまってはコスパが合わない、という理由で売れなくなってしまうのです。

こうやって丁寧に分解・分析してみたら分かるのに、それでも罠にかかってしまうのはなぜでしょうか。答えは先ほどお伝えした通り、「顧客からの要望通りに新商品を作れば売れる」という前提に立っているからです。顧客ニーズ志向（マーケットイン）という言葉がある通り、顧客の声は重要です。だからといって、言われた通りに作ればいいというわけではありません。今回の事例のように「顧客ニーズ志向という言葉を錦の御

顧客の要望には、事実に基づかない意見や感想が混ざる

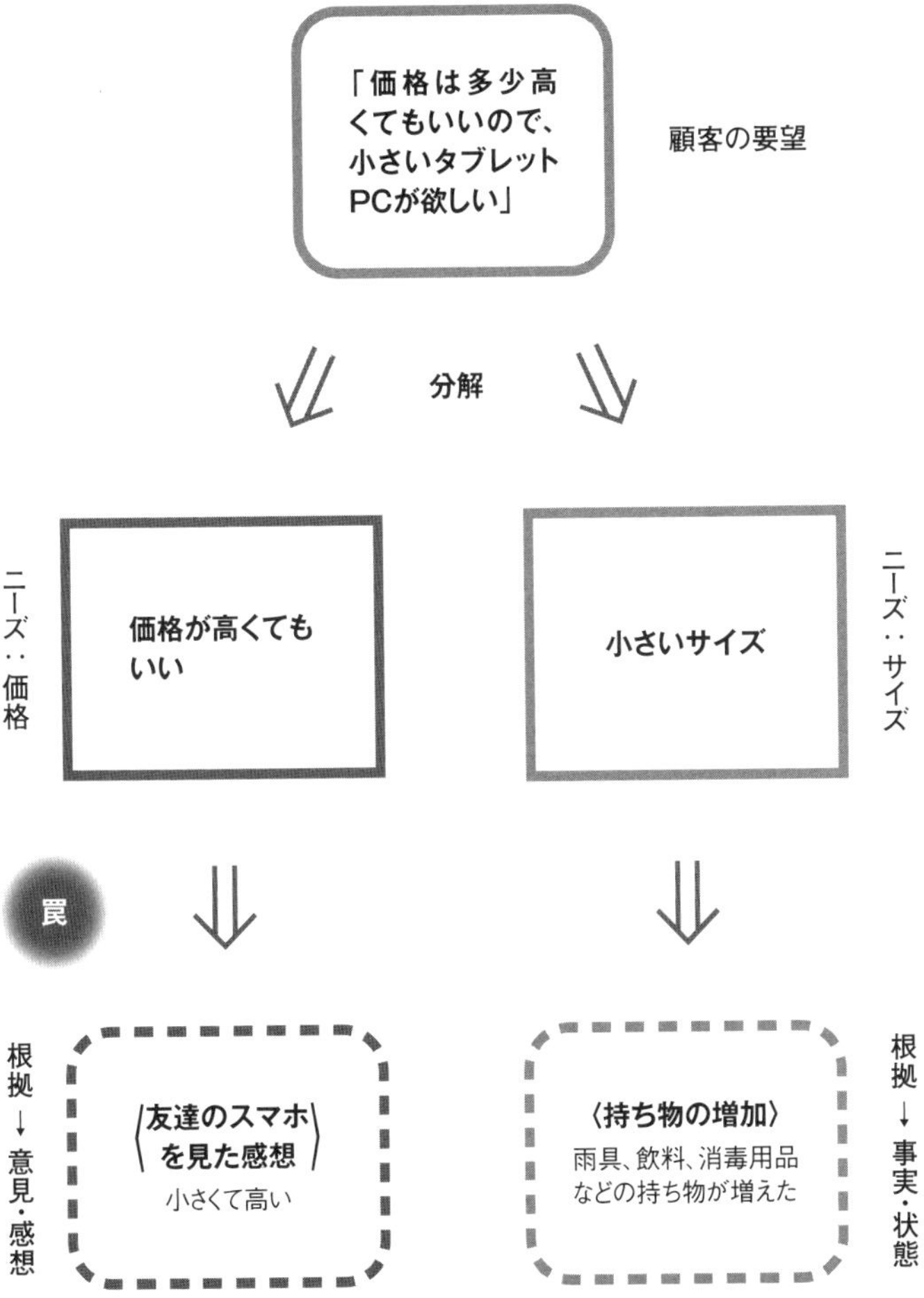

旗にして、顧客の要望通りに商品を作ったのに売れなかった」という失敗談は、星の数ほどあります。非常に多くの会社がこの罠にかかってしまっているのです。

繰り返しになりますが元凶は、「顧客からの要望通りに新商品を作れば売れる」という前提です。もしこれが、「顧客の要望通りに新商品を作っても、売れないかもしれない」という前提に置き換わったらどうでしょうか。先ほどの「価格が高くてもいい」という個人の思いを新商品開発に反映させて失敗するケースはなくなりそうです。

この2つの前提の違い。実は、前者は「**性善説**に立った前提」であり、後者は「**性弱説**に立った前提」です。

ここでの性善説は、中国の思想家である孟子が唱えたものとは少し違います。ビジネスの場において、顧客、取引先、会社の上司や部下をどのような性質を持った人として捉えるか、という意味でこの言葉を使っています。この意味での性善説とは、

■人はみな本来善人であり、「正しく聞けば正しく答えてくれる」「やるべきことをきちんとできる」「物事の道理や常識を分かっているし実践できる」

顧客の要望が常に正しいとは限らない

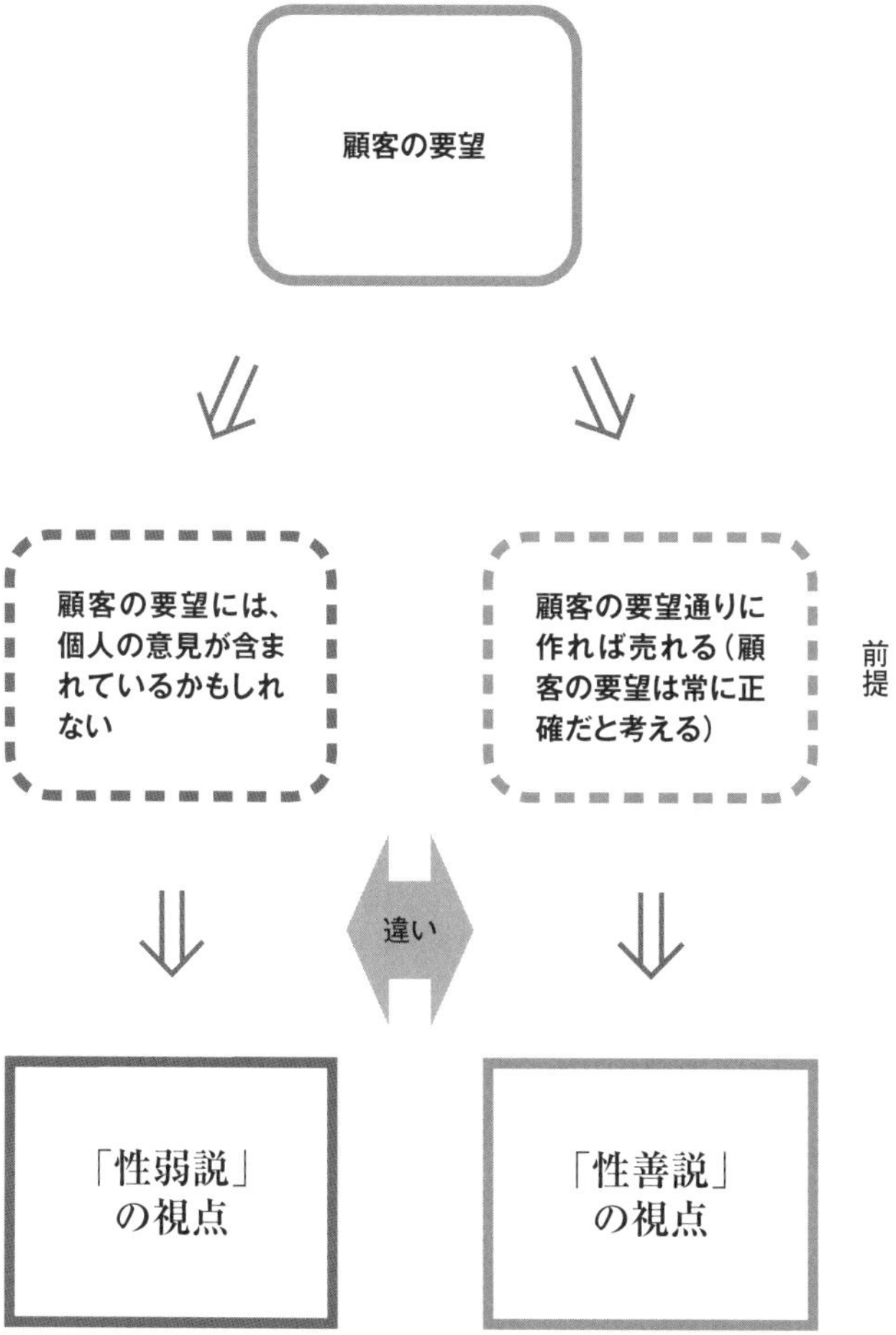

という捉え方です。先ほどのタブレットPCの失敗は、まさに性善説の視点で顧客を捉えていました。

もう1つの性弱説とは、

■人は本来弱い生き物なので、「難しいことや新しいことを積極的には取り入れたがらず、目先の簡単な方法を選んでしまいがち」

という捉え方です。先ほどの話では、「目の前の顧客は、自分の困りごとや感情を正確に把握して言葉にすることが難しいかもしれない」「思いついたことを何となく話してしまっているかもしれない」という視点になるのです。

どちらの前提に立ってビジネスをするかによって、会社単位でも個人単位でも、その成果は大きく変わってきます。

筆者は、高収益企業として知られるキーエンスという企業で商品開発に携わった後、コンサルタントとして上場企業から中小企業まで、たくさんの企業と関わってきました。

その長年の経験で見つけたものがあります。それは、

キーエンスは性弱説の考え方で動いている

というものです。

実際キーエンスでは、顧客から集められたニーズをそのまま新商品に採用することはありませんでした。私自身、キーエンス在職時代は新商品を企画する担当として、毎年数万件の顧客ニーズを見てきました。その際、顧客ニーズはあくまで「ヒント」としての活用にとどめていたのです。

私が新商品の企画担当になったばかりの頃、先輩からよく言われた言葉があります。

「それは、顧客の意見ですか、それとも事実ですか」

というものです。先ほどのタブレットＰＣの事例と同じく、大切なのは事実と根拠です。顧客が話してくれたり書いてくれたりするニーズには、事実に基づかない意見や感想が

含まれるという、性弱説の前提に立っていたのです。

他にもキーエンスには、性弱説の視点に立った取り組みや考え方が多くあります。例えば、上司・部下の報連相（報告、連絡、相談）もそうです。キーエンスにおける報連相で有名なのが、「外報」と呼ばれる面談時のコミュニケーション。これは、**営業担当者が顧客と面談する日より前**に、面談でどういった内容を話すかをディスカッションして、アドバイスを受ける機会です。

これだけだと、「自社でもやっています」と思う人もいらっしゃるでしょう。キーエンスが特徴的なのは、これを「事前」に実施するところです。もちろん事後報告もあります。多くの企業は新人の指導期間中や超大型案件以外は、事後のみでしょう。

上司と担当者の「当たり前」が違うのは当たり前

「なぜ、この機能に関する説明をしてこなかったのか」

とある商談の事後に設けた報連相の場面で、上司が部下に問いかけるシーンをイメージしてください。読者の皆さんもこういう言葉を上司や先輩から言われた経験があるのではないでしょうか。自社商品を販売するために、「上司が重要だと思う商品の特長」を、部下が顧客に説明してこなかったことに対する質問です。実際には叱責と言っていいかもしれません。

上司は、「この商品が持つこの特長は非常に重要だし、面談した顧客にとっても重要だから、当然話をしてくるだろう」と想定し、期待していました。しかしながら、その期待通りに部下は動きませんでした。面談後にそれを嘆いても後の祭りです。

一方、部下の視点に立ってみると、「この商品は多くの特長があり、自分はこの機能が最重要だとは思わなかった。本当にそんなに大事だと思うなら、面談する前にアドバイスしてくれればいいのに」という思いでいっぱいでしょう。

上司の「部下はちゃんとこの特長の重要性を理解し、顧客に話してくるだろう」という視点は、まさに性善説視点です。上司が役割を果たそうと思えば、「部下はこの特長の重要性を見落とし、顧客に伝えないかもしれない」という性弱説視点に立って、アドバイスをすべきなのです。

そして、事前に部下の提案内容を確かめるなら、キーエンスが実践しているように、事前に報連相をするしかありません。そうすることで、商談が成功する確率が高まるのです。

キーエンスと他社の最大の違いは「性弱説」

中小企業から大企業まで様々な企業を見てきた中で、私がずっと抱いてきた疑問が「キーエンスと他社は何が違うのか」というものです。初めは、「世界初・業界初の新商品を連発する」「顧客のニーズをしっかりと聞き出し、役に立つソリューション提案を行う」「ファブレス（工場を持たない経営）を採用している」など、世の中のビジネス誌で語られている内容が両者の違いだと考えていました。

ところが、そうは考えながら、なぜかそれだけでは腑に落ちませんでした。説明できない場面が出てくるのです。それがずっと引っかかっていました。そんなある日、

キーエンスは性弱説の考え方で動いている

性善説視点と性弱説視点とで、報連相の方法も違う

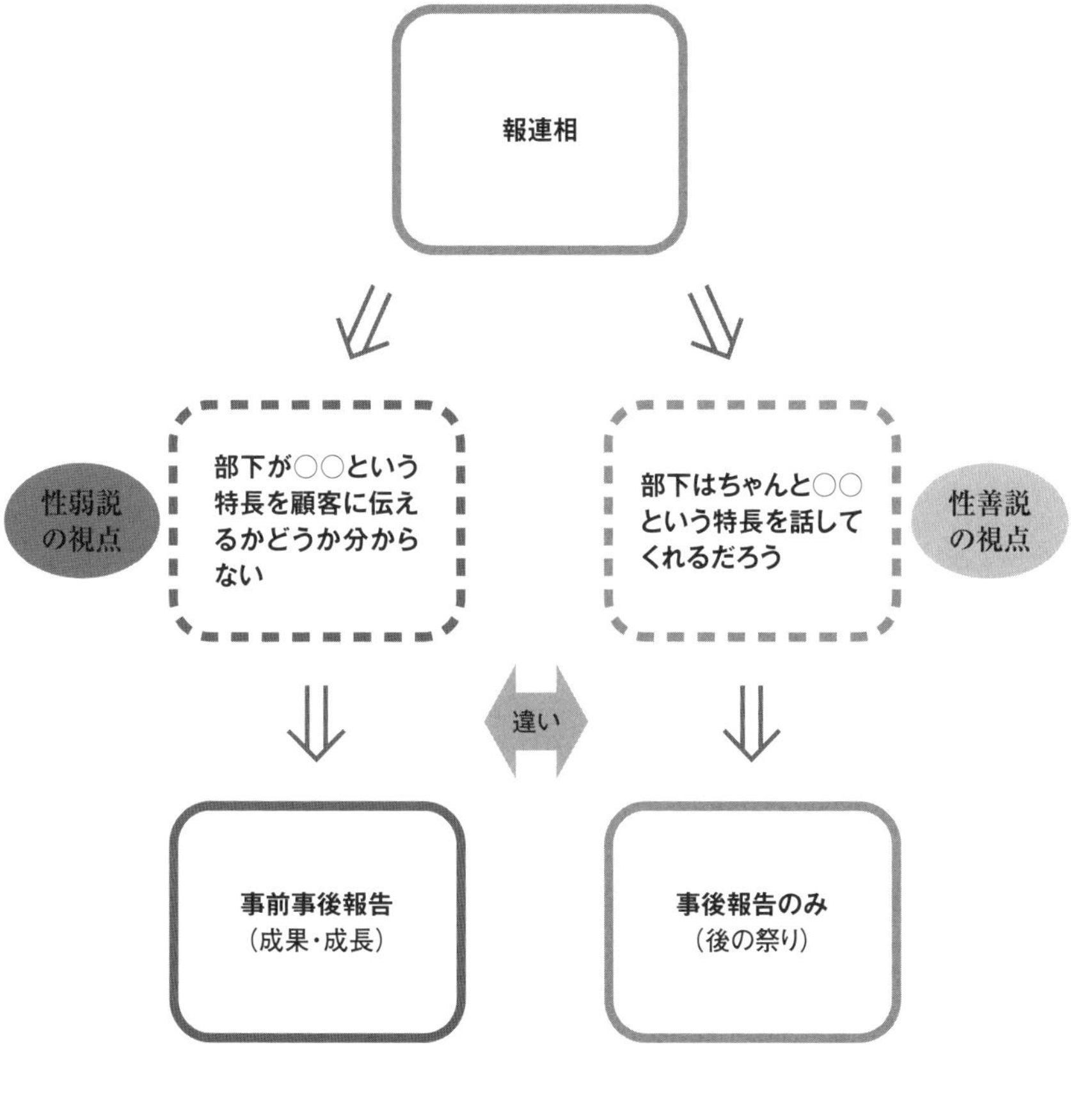

という事実に気付き、自分が心から納得したことを覚えています。性弱説の視点は失敗を減らし、成功する確率を高めてくれます。それが積み重なっていくと、非常に大きな成果につながるのです。

ではこれから、性弱説をベースにした経営手法『キーエンス流 性弱説経営』の世界をご案内いたします。

キーエンスの制度や仕組みは性弱説からスタート

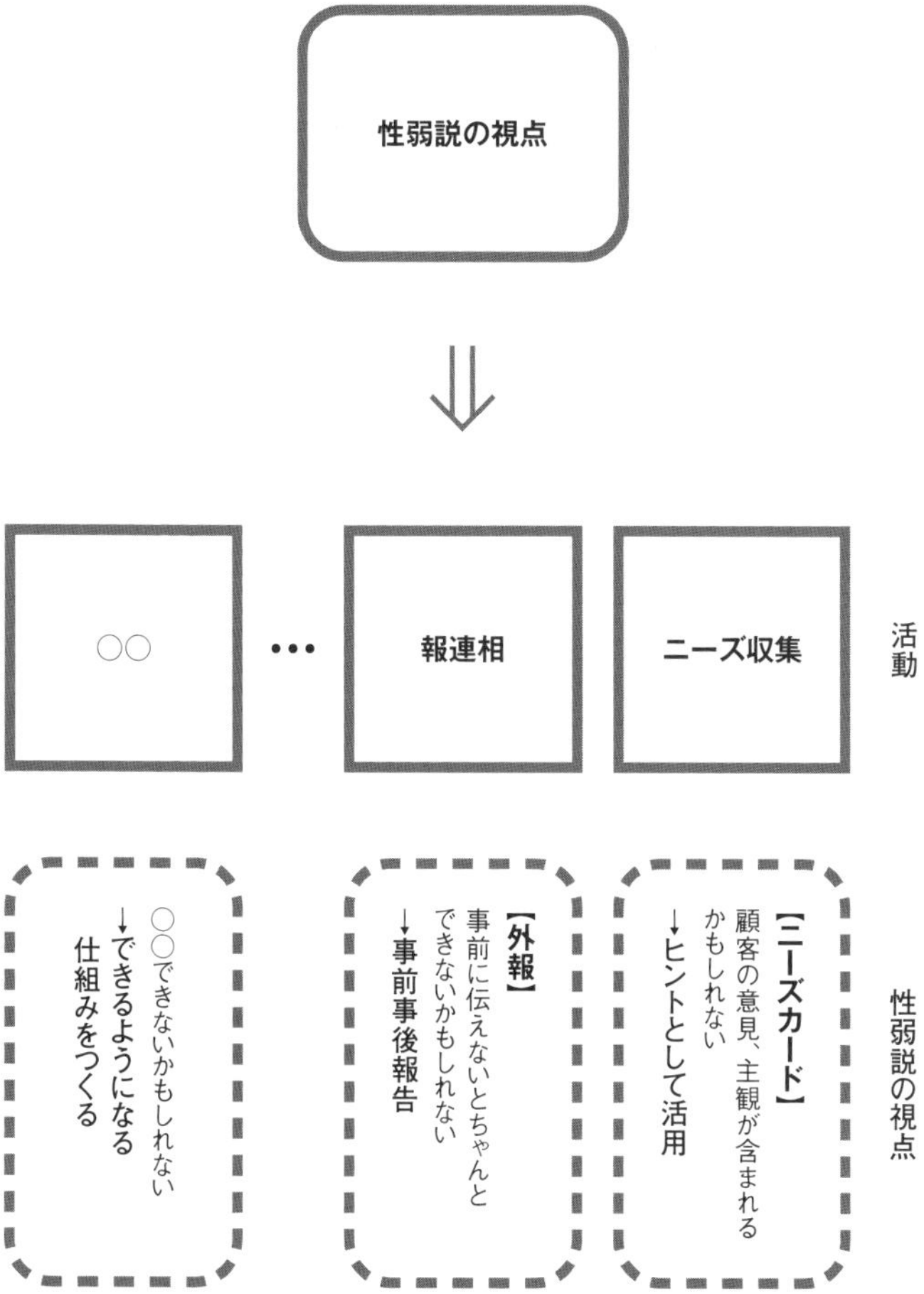

キーエンス流 性弱説経営

目次

はじめに 002

一見すると「なるほど!」だけど…… 005
上司と担当者の「当たり前」が違うのは当たり前 012
キーエンスと他社の最大の違いは「性弱説」 014

第1章 高収益を生み出すカラクリ 023

超高収益企業キーエンス 024

なぜ高収益が生み出せるのか 030

まず「困りごと」が大きいモノ・コトを探す 036
ソリューション提案で「気付いてもらう」 040
高い価値の商品を高く売るキーワード「潜在ニーズ」 043
「値切る」のではなく「見切る」 046
「足し算」と「引き算」はどちらが強いのか 050
高く売れるモノを探して、安くつくる 052

第2章 キーエンスの強さを支える「性弱説」 055

ビジネスの場における「性善説」と「性弱説」 056
難しい仕事にこそ性弱説が効く 060

画期的な新商品を生み出す性弱説的なニーズ収集と分析 066
これは本当に潜在ニーズなのか 069
仕事の密度を大切にする 075
人は効果的に動かし、情報は質を高める 078
潜在ニーズを引き出せる「開発情報」の集め方 084
「仕組みを動かす仕組み」を持つ 092

「メカニズム思考」という共通言語 094
「12カ月連続の目標達成はおかしい」と気付けるか 095
性善説だと社員が成果を生めない仕事 098
キーエンスと不可分の言葉、「付加価値」 103

第3章 性弱説視点で人を動かす 105

KPIパラメーターの導入で一人一人の能力を引き出す 107
まずは価値を見える化する 110
数を絞り、本人が選ぶ 114

経営理念を浸透させ成果につなげる仕組み 116
キーエンスが採用する「時間チャージ」の中身 122
付加価値を生む強い覚悟 124

第4章

性弱説視点でモノ・カネ・情報の質を高める 153

上司と部下のすれ違いを防ぐ性弱説視点の「報連相」 128
3つの制約に備える「事前事後報告」 131　「事前報告」では何をするのか 134
担当者の謝罪で終わらず失敗の本当の要因を探す 140
謝罪ではなく真因を求める 141　施策そのものが有効なのかも分析対象 144
PDCAにも性弱説の視点を 150
社会環境の変化と連動する潜在ニーズを探そう 154
「もっと小さいマウスが欲しい」は本当か 157　電子ケトルが捉えた潜在ニーズ 159
社会環境との連動は持続的なヒットに不可欠 162
「ニーズカード」の成功は数を集める仕組みにかかっている 166
既知の情報ばかりが集まる 168　きらりと光る情報を見つけるのが目的 171
「定着化」させるための仕組み 173
ソリューション提案は「簡単化」で成長と成果を両立 178
顧客の主観や作文に惑わされる 180　見極める力を仕組みで担保する 182
個人を育てながら、個人のスキルに依存しない 186

ニーズを構造化して仕様を「見切る」 188
その仕様は本当に適切か 192
ニーズ構造化のための4要素 194
チャンピオンスペックの罠 197

第5章
「仕組みを動かす仕組み」が持つ価値 201

「仕組みを動かす仕組み」で健全な職場を築く 202
不正が信頼を失わせる 204
頑張る人に損をさせない 206
項目間をトレードオフの関係にする 211

仕組みと仕組みを連動させて成果を上げる 214
「導入するとこんな課題を解決する」が欲しい 216
どこまで具体的にイメージしてもらえるか 219
1つが機能停止すると、他も機能しない 222

性弱説を支える論理的思考力の採用と公平な評価 226
生成AIの模範解答では物足りない 228
戦略は細部に宿る 236

おわりに 238

第1章

高収益を生み出すカラクリ

超高収益企業キーエンス

▼キーエンスはセンサーなどを開発・製造するメーカー
▼そして営業利益率が50%を超え続ける、超高収益企業
▼利益を出し続けるキーエンスの姿を、まずは数字で紹介します

キーエンスは超高収益企業で、社員の平均年収も高い

ビジネスパーソンであれば、こうした話を聞いたことがあると思います。ですが、実際にキーエンスで働いていたり、取引先として接したりした経験がない人にとっては、

「すごい企業だという話を聞くけれど、詳しくは分からない企業」ではないでしょうか。ここではまず、キーエンスがどういう企業なのかを簡単にご紹介します。

27ページの図は、キーエンスのここ数年の業績推移を表したグラフです。売上高、売上総利益（売上高から原材料費などを引いた数字。粗利益とほぼ同じ）、そして営業利益（売上総利益から人件費などの販売費・一般管理費を引いた数字）を紹介しています。

驚くことにこの期間、営業利益率が一度も50％を下回っていません。営業利益は製造原価や人件費を除いたものなので「本業のもうけ」を示す指標です。つまり、売上高の半分以上が利益として企業に残る状態が、ずっと続いているのです。

取り扱う商品やビジネスモデルが各社で違うので、単純比較が難しいところもありますが、製造業では一般的に、営業利益率が10％を超えれば高収益企業といって差し支えないでしょう。

さらに驚くべきは、この間も売り上げがどんどん増えていることです。2018年に5268億円だった売り上げは、24年には9673億円にまで成長しています。急激な規模拡大を続けると設備や人材への投資効率が悪くなったり、新商品の開発や販売が計画通りに進まなかったりして、収益性が低下するタイミングがあるものです。しかしキーエンスは、前年と比べて売り上げが減っている20年や21年でも、営業利益率50％以上という、一般的な製造業では実現できない高い利益率を維持しているのです。

では、そんなとんでもない成果を出し続けるキーエンスのビジネスとはどんなものなのでしょうか。会社概要によれば、キーエンスの事業内容は「センサ、測定器、画像処理機器、制御・計測機器、研究・開発用 解析機器、ビジネス情報機器」とあります。そしてホームページでは、工場などで使われる各種センサーや検査装置などをいくつも紹介しています。キーエンスはこれらの装置を開発・製造・販売するメーカーです。

もちろん、センサーや検査装置などを扱う企業はキーエンス以外にもあります。しかし、キーエンスほど突出した高収益企業はありません。

企業の形態はどうでしょうか。キーエンスの強さがビジネス誌などで紹介されるとき、その理由として挙げられるものがいくつかあります。その1つが自社工場を持たず、外の企業に製造してもらうファブレス企業だ、というものです。

そして顧客のニーズを的確に把握し、それを反映させた商品を開発しているからもう

キーエンスの業績推移

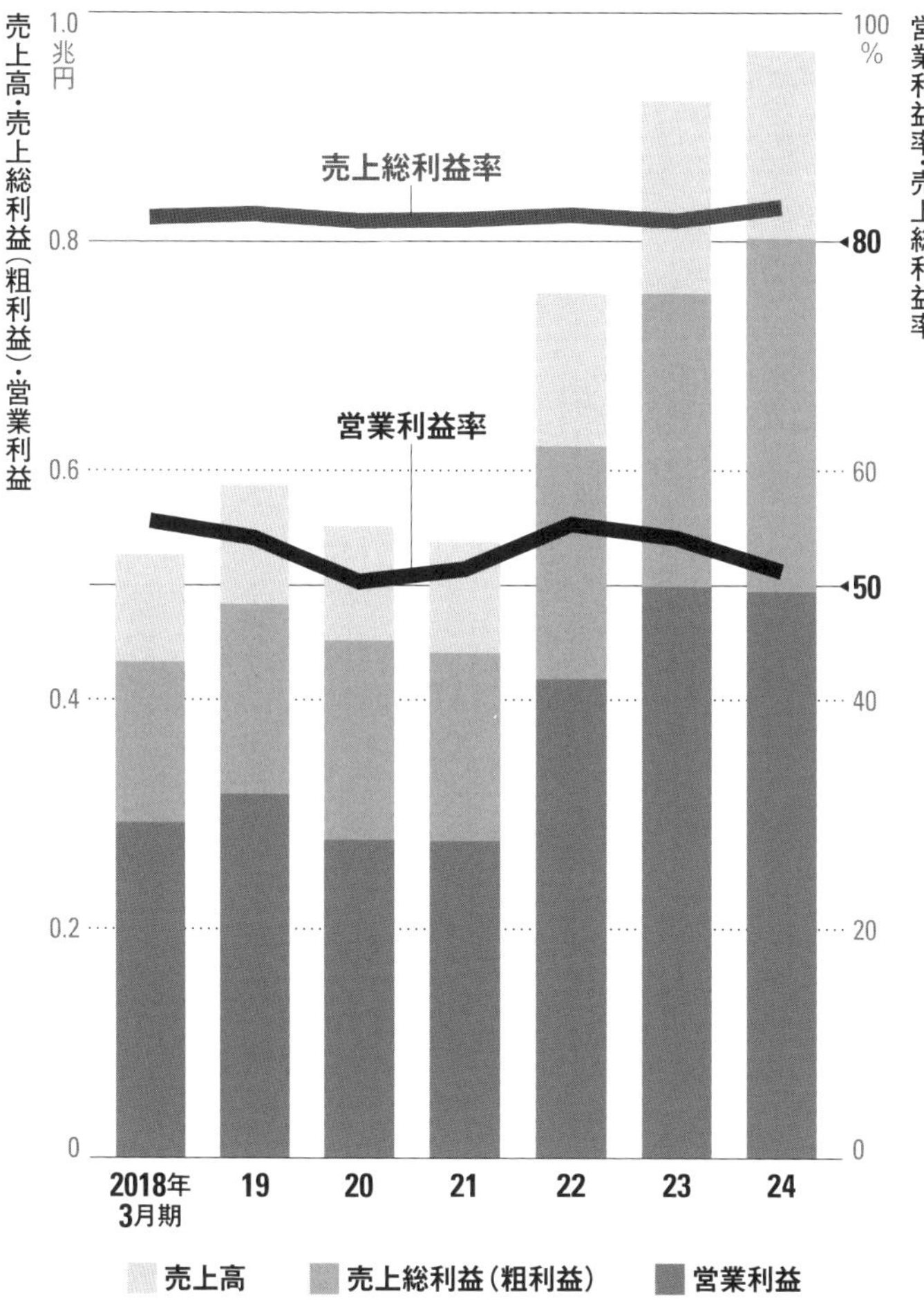

キーエンスの有価証券報告書より作成

かっているんだ、という話もあります。

これらの話はその通りです。でも、世の中にファブレス企業はたくさんありますよね。そして、皆さんが経営したり勤めたりしている企業も、当然のように顧客のニーズを集めて、それを商品開発に反映させているのではないでしょうか。

こうして簡単に文字にしただけでは、ほかの企業でも採用している制度や仕組みが、キーエンスの強さを支えているという結論になってしまいます。

ここまで読んでみても、「キーエンスはほかの企業とココが違うから強いんだ！」とすっきりと理解できる方は、ほとんどいないはずです。そして、これまでキーエンスを紹介してきた多くの記事や書籍が、そのようなものだったのではないかと筆者は考えています。

そんなキーエンスのすごさの秘密を解きほぐし、読者の皆さんの仕事に役立ててもらおうというのが本書を書こうと思った狙いです。次のページから、そのカラクリを紹介していきます。ぜひ読み進めてください。

キーエンスの沿革

1974年	兵庫県尼崎市にリード電機を設立
1985	米国に現地法人を設立
1986	社名をキーエンスに変更
1987	株式上場（大阪証券取引所市場第二部）
1990	東京・大阪証券取引所市場第一部に上場 ドイツに現地法人設立
2001	中国に現地法人設立
2011	インド、ブラジルに現地法人設立
2013	インドネシアに現地法人設立
2014	ベトナムに現地法人設立
2016	フィリピンに現地法人設立
2022	東証プライム市場に移行

キーエンスのホームページより作成

なぜ高収益が生み出せるのか

▼高収益は誰もが望むもの。それでも実現できる企業は限られています
▼ここでは「何を実現すると高収益になるのか」を具体的に解説します
▼大切なのは「価値と価格の最大化と、原価の最小化」です

「ワーキングチェアの新商品を出し、既存品より利益を増やしてほしい」

上司からこのような依頼が来ました。あなたがマーケティング担当者ならどう考えますか。新商品を開発するときには、どういった場面で使う商品にするかを最初に考える

人が多いでしょう。このケースではオフィスワークか在宅ワークか、どちらの場面で使われる商品をイメージするか、です。それに続いて、材質や形状をどうするかといった、「どういったワーキングチェアにするか」をイメージしていくのではないでしょうか。

ただ今回の場合、「利益を増やす」という条件がついています。こちらについても考えなければなりません。そうなると、従来品よりたくさんの利益を乗せなければいけませんね。まずは、現在売っているワーキングチェアの原価（製造コスト）と利益（正確には粗利益ですが、ここでは重要ではないので利益とします）、売価を調べてみます。その結果は次のようになりました。

■今までのワーキングチェアの価格■

原価（製造コスト）　10000円
利益　10000円
売価　20000円

従来品より多くの利益を出そうとすると、利益額を1万円より増やす必要があります。

するとその分だけ売価も上がります。次のような感じになるでしょう。

新商品のワーキングチェアの価格感

原価（製造コスト）　10000円
利益　12000円
売価　22000円

1脚当たりの利益が増えても、買ってもらえなければ意味がありません。これを実現するため、素材などをいいものに変更しなくても高い売価で買ってもらえるような商品イメージを描こうとするのではないでしょうか。

一般的にはこのような、「考えられる原価に利益を乗せて売価を設定し、その売価で売れる商品イメージを考える」という進め方が多いのではないでしょうか。キーエンスでは、この順番が逆になります。

売価が高くても売れる用途（使い方）を先に探して、そこから商品をイメージする

のです。もう少し分解してみましょう。

■最初に売価を考える。高くても買う人が多いように役立ち度の高い用途を探す
■それを見つけたら、いくらで作れるか（原価）をイメージをする
■売価に占める利益の割合（利益率）が80％確保できるかを確かめる
■確保できそうになければもう一度、役立ち度の高い用途を探す（最初に戻る）

このようになります。「最初に売価が高くても売れる用途を探す」「利益率が80％以上になるかを確かめる」という2点が特徴的ですね。この方法に従って、「座って仕事をする時間が長く給与も高い専門職の人が、長時間座っていても疲れない快適なワーキングチェア」という用途を見つけたとします。給与が高く座っている時間が長い人は、椅子の快適性を高めることで仕事の能率を上げたり、体の負担を減らせたりするのならば、高い売価でも買ってくれるかもしれません。

そうすると、売価のイメージはこうなります。

キーエンスが考えた場合のワーキングチェアの価格感

売価　　　　　　　50000円
原価（製造コスト）10000円
利益　　　　　　　40000円

売価から考えるので、売価が最初にきます。そして原価が1万円であると確かめられれば、利益額は4万円となり、売価の80％に達します。キーエンスは、この利益率が80％以上になる商品しか開発できないというルールがあります。

一般的な企業では、開発段階で利益率80％を求められるケースはほとんどないでしょう。多くの企業では、利益率は40～60％ぐらいになっているはずです。では、どうして40～60％かというと、

「今までそれぐらい乗せてやっているから」
「あまり多く乗せすぎると価格が高くなり売れなくなるから」

ワーキングチェアの価格感

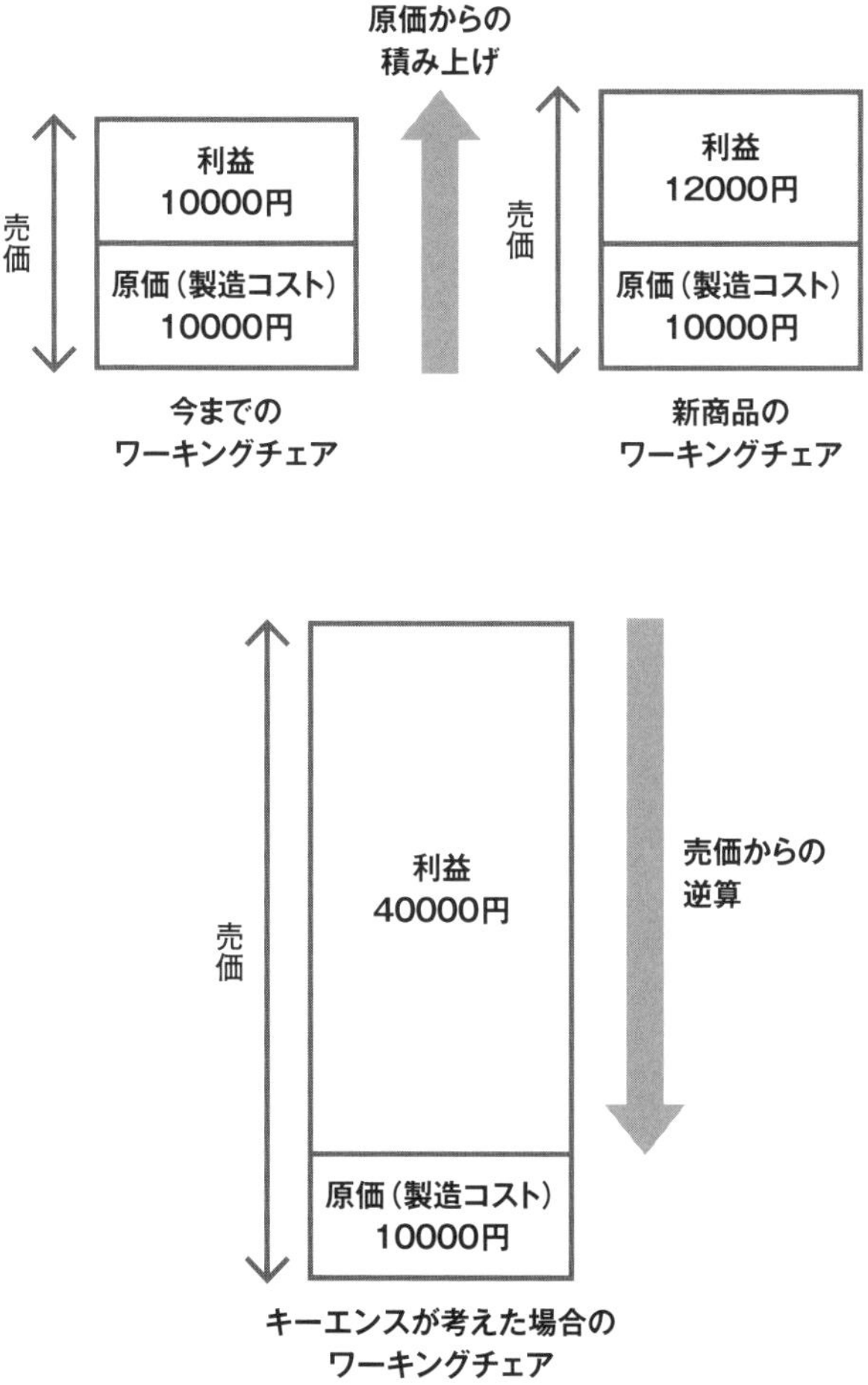

など、具体的な根拠がないケースばかりです。筆者も仕事柄、たくさんの企業が売価を決めるシーンに立ち会ってきましたが、概《おおむ》ねこんな感じで決めています。

ところがキーエンスでは、「役立ち度が高ければ、高く販売できる」という信念の下、ひたすら役立ち度の高い用途を探します。そうやって見つけた用途に合わせて商品を開発するからこそ、高い利益率の商品でもきちんと買ってもらえるのです。文字にしてしまうと当たり前のように見えてしまいますね。しかしこれが、キーエンスが他社と比べて大きな利益を生み出している大きな要因なのです。

まず「困りごと」が大きいモノ・コトを探す

役立ち度が高い商品とは、「困りごと」を解決できる商品です。困りごととは、顧客が現状採用している方法で起きている「不便なこと」「ムダなこと」「苦しいこと」などです。先ほどの専門職用のワーキングチェアで考えられる困りごとは、「長時間座っていると疲れる」というものです。

そして、困りごとには「大きさ」があります。それが大きければ大きいほど、解決してくれる商品やサービスの役立ち度も大きい。役立ち度の大きさが、「高く売れる商品」へとつながっていきます。

ノートパソコンを例に考えてみましょう。ノートパソコンでの困りごとは、「使い方が分からない」「ソフトの使い方が難しい」「バッテリーが長持ちしない」など、多くあります。その中で、例えば「ノートパソコンを落とした結果、動かなくなった」という困りごとに注目してみます。このような状態になったら、ほとんどの場合は修理に出すはずですが、修理に出すまでにいろいろと〝格闘〟するはずです。例えば、

■電源を何度も入れ直してみる
■ACアダプターなどが壊れていないか確認する
■取扱説明書・マニュアルを見てみる
■サポートセンターに連絡して指示を仰ぐ

などです。要は、何とか動くようにするためにあれこれ行動するのです。「落とした結果、

動かなくなった」という困りごととは、その解決のために要するの時間も含めたものになります。この場合の、困りごとの大きさを表すと、

困りごとの大きさ＝「〝格闘〟にかかる時間」＋「修理に出す準備の時間」＋「修理代金」＋「修理されたパソコンを元通り使えるように設定する時間」

となります。書き出してみると、かなりの時間とお金を要すると分かりますね。

この〝格闘〟に丸1日かかったとしましょう。さらにデータのバックアップなど、修理に出す準備のためにも1日かかりました。修理代金は3万円です。各種ソフトウエアの再インストールなど、修理から帰ってきたパソコンを再び使える状態にするまで、さらに丸1日かかったとします。そうすると、かかった時間は合計3日となります。

仮に、この人の給与が月額40万円だとすると、1日当たりその人が生み出している価値は、40万円÷20日＝2万円となります（月の勤務日を20日で計算）。これを踏まえて、「困りごとの大きさ」を金額で出してみましょう。

困りごとの大きさ＝修理費用3万円＋かかった時間の価値6万円（2万円×3日）＝9万円

となります。つまり、ノートパソコンを落として故障させてしまった困りごとの大きさは、9万円になるのです。逆の見方をすると、

落としても壊れにくい機能・特長の価値の目安は9万円

とも考えられます。今まで販売しているノートパソコンが15万円だとすると、落としても壊れにくいノートパソコンの価格として、15万円に9万円を加えた、24万円でも売れるのではないか、という仮説が立てられるのです。

このように、実際に支払った修理代が3万円でも、それ以外のコスト（この場合は持ち主の時間）まで算定して困りごとの大きさを見える化します。困りごとが大きい場面をまず見つけて、商品化していくのがキーエンスなのです。

ソリューション提案で「気付いてもらう」

困りごとが大きければ大きいほど、顧客は多くの対価を支払ってくれます。先ほどの「落としても壊れにくいノートパソコン」の場合、従来のノートパソコンが15万円だとしたら、24万円の価格で買ってくれるかもしれないという話です。ただし、それを買ってくれる人は、困りごとをイメージできて、機能に価値を見いだしてくれる人だけです。つまり、「落として壊した経験があり、被害を体感している人」か、「落として壊した経験はないが、その被害をイメージできる人」です。

つまり、既に知っている顧客以外に買ってもらおうと思ったら、困りごとの大きさを理解してもらう必要があるのです。それにはいろいろな方法がありますが、キーエンスでは、営業担当者がその役割を担います。

キーエンスの営業担当者は、顧客に自身の困りごとに気付いてもらうために、様々な手法を用います。キーエンスの営業担当者が実際にノートパソコンを販売することはありませんが、イメージしてもらうために、「キーエンスの営業担当者ならこうする」と

困りごとの大きさを金額に置き換えて見える化する

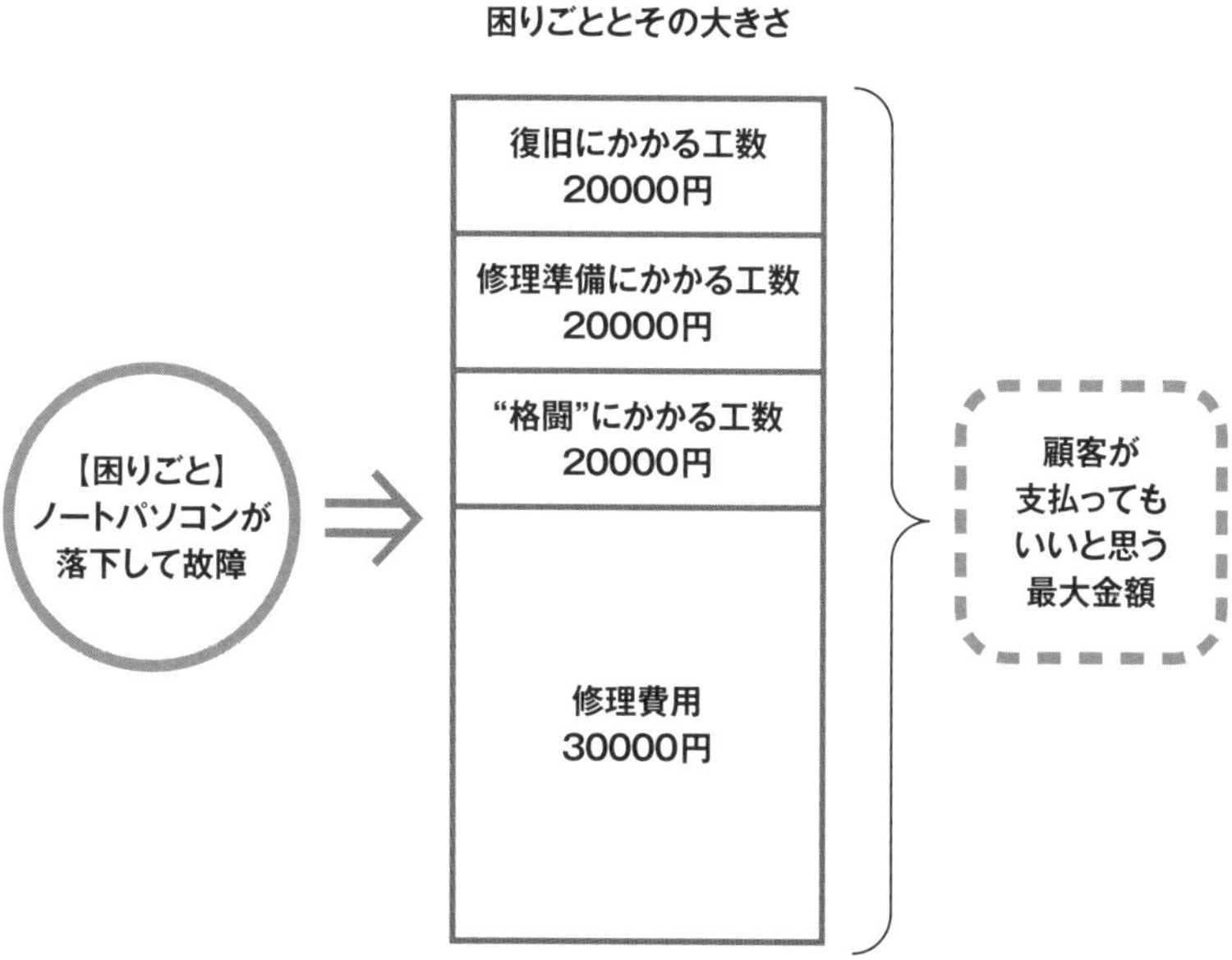

いう例を挙げてみます（筆者はキーエンス時代に営業職も担当していました）。

■商品のPRをする際、落としても壊れにくい点をしっかりと伝える
■落とした経験があるかどうかを確認する
■落とした経験があるなら、その際の困りごと（格闘、修理、復旧の手間）を、以下のように具体的な内容も踏まえて顧客に確認し、共有する

確認や共有はこんな感じです。「壊れているかどうかを確認するのって大変ですよね。電源を入れ直したり、サポートセンターとやり取りしたりして、丸1日かかってしまったりしますよね」「復旧も大変ですよね。修理に出す際、初期化することが多いので、直って戻ってきても、そこからデータを復旧させたり、ソフトを入れ直したりするのに何日もかかりますよね」

もし相手に落として壊した経験がないようなら、

■実際に他社で起こった事例を例示する
■周りに経験者がいないか確認し、その際、どれぐらい大変だったかを確かめる

というような流れです。このように、たくさんの手法で困りごとの大きさを相手と共有します。それによって、従来の15万円のノートパソコンではなく、24万円する落下対策を施したノートパソコンを買う価値があると、相手に気付いてもらうのです。

高い価値の商品を高く売るキーワード「潜在ニーズ」

「潜在ニーズ」という言葉を聞いたことはあるでしょうか。潜在ニーズとはその名の通り、顧客自身が気付いていない隠れたニーズを指す言葉です。先ほどのノートパソコンのような場合、落としたときの困りごとの解決は、利用者にとってまさにニーズです。しかしながら、落としたことがない人はもちろん、落とした後の経験をきちんと整理できていない人にとっても、その価値は分かりにくいものです。

本人にとって役立つものなのに、その本人からは見えていないニーズを潜在ニーズと

いいます。そして潜在ニーズは、「顧客に気付いてもらうことで価値を持つ」のです。

キーエンスの高収益の秘訣として、ビジネス誌などで「キーエンスは営業担当者が顧客から潜在ニーズを拾ってきて、それを商品開発に生かしている」といった表現がたびたび登場します。これは厳密に言うと、

■困りごとが大きいモノ・コトを探す
■それを商品化する
■困りごとを見える化する
■困りごとを顧客と共有し、その大きさに気付いてもらう

という段階を経ています。だからこそ、高い価値のものを高い価格で買ってもらえるのです。そしてこの一連の流れでは、営業担当者が非常に大きな役割を果たします。営業担当者は日々ロールプレイングなどで、困りごとを共有できるように練習をしています。

なぜなら、困りごとに気付いてもらう（潜在ニーズを伝える）ことこそが、キーエンスにとっても、顧客にとってもいい結果につながるからです。

困りごとの発見と顧客の気付きの両方が必要

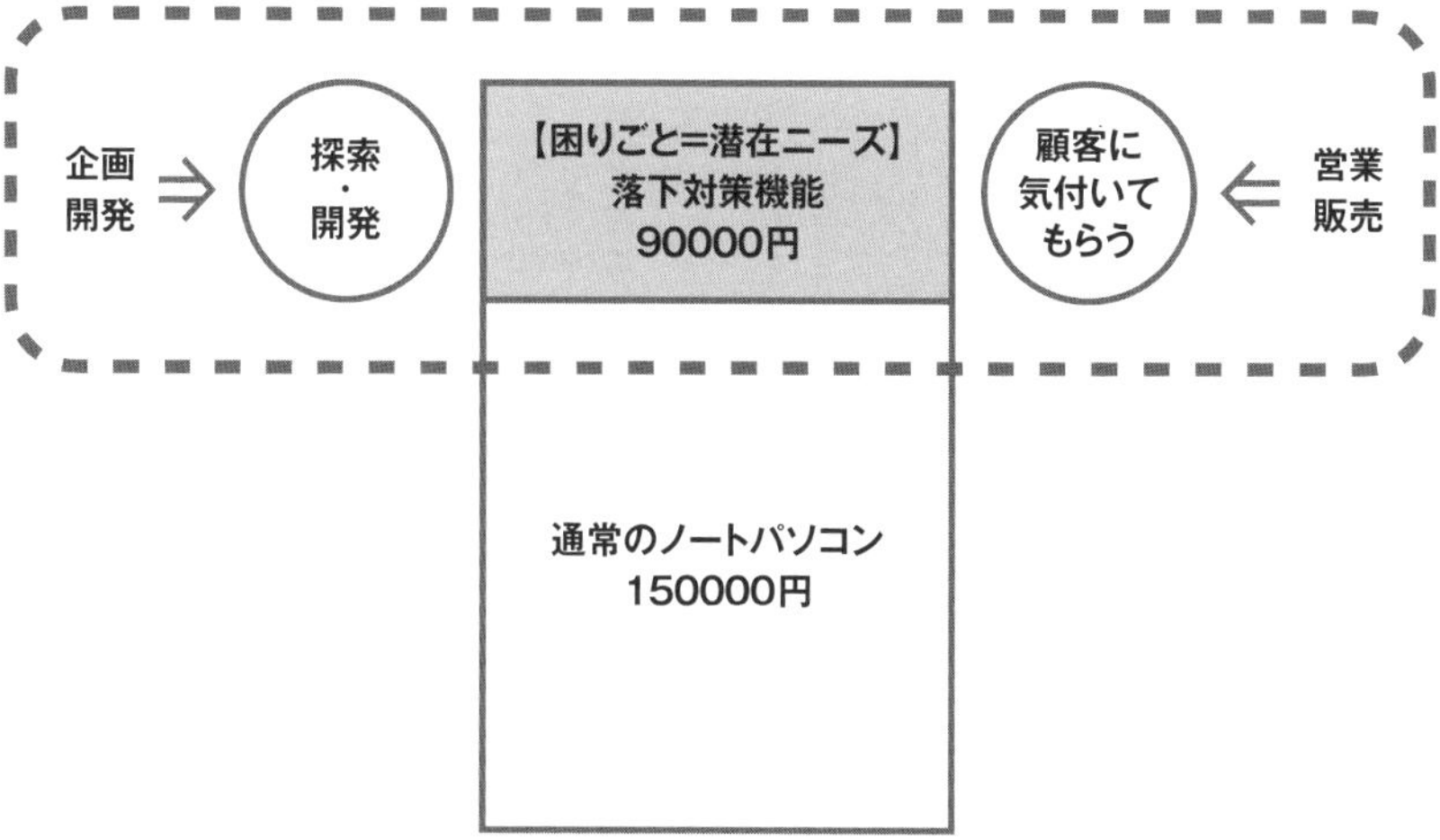

顧客が知っている内容ばかり伝えても、顧客にとって新たな発見はありません。だからこそ顧客に関する知識、商品に関する知識など、たくさんのものを学び、顧客が気付いていない困りごとを見つけては共有し、役立ち度の高い商品を提案していくのです。

つまり、キーエンスが高い価値の商品を高く販売できるのは、

大きな困りごとを解決する商品を作る ＋ それをしっかりと顧客へ伝え共有する

というように、開発と販売の合わせ技で実現しているのです。

「値切る」のではなく「見切る」

ここまでは、高く売れる商品の作り方について書いてきました。そして、高収益を実現しようと思うなら、高く売ると同時に、安く作る必要があります。その方法についてご紹介しましょう。

「とにかく安く作ってほしい」

外注先に商品を製造してもらう際、コストを下げようと思うと、どうしても出てしまうお願いの言葉です。しかしながら、このやり方には限界があります。製造する企業（外注先）が適正利益を得ようと考えた際に値引きできる金額はそう多くなく、彼らは案件を獲得するためにやむを得ず値引きするしかありません。

キーエンスのコストダウンはこのような、ただ安くしてもらうだけの「値切り」ではありません。必要な機能を「見切る」ことでコストダウンを図っています。

「見切る」とは、必要／不要を合理的に判断するやり方です。例えば、「この機能はこういう理由で必要／不必要」というように、1つひとつの機能が必要かどうかを吟味します。このやり方だと、特定の機能を丸ごと除外するなど、思い切ったコストダウンができます。先ほどの「落としても壊れにくいノートパソコン」の例で見てみましょう。

まず、一般的な企業における機能の決め方です。多くの企業では、いくつかの条件を設定して、それに対応しようとします。例えば、落とす高さと床の材質について以下のように定めます。

1 机からオフィスの床へ落下（1・0mの高さから一般的な床材に落下）
2 オフィス内で歩行中に落下（1・5mの高さから一般的な床材に落下）
3 屋外で歩行中に落下（1・5mの高さからコンクリートの上に落下）

この1から3の場合、数字が進むつれてノートパソコンが受ける衝撃は大きくなります。落とす高さが高くなるか、床が硬くなるからです。

商品開発をしていく上では、この3つの想定のどこに線を引くかが重要です。なぜなら、数字が進むほど機能の価値は上がるものの、対応コストも上がります。場合によっては開発期間も長くなり、発売日が遅くなってしまうかもしれません。

しかしながら一般的な企業では、全部の想定に対応しようと機能を盛り込んでいきます。これを筆者は「足し算型のフルスペック商品開発」と呼んでいます。何もないところからどんどん機能を足していき、気付いたらフルスペック（すべてを搭載する）になっているため、このように呼んでいます。

なぜこのようになるかといえば、商品の使用状況を詳しくつかめていないからです。詳しくつかめていない理由は、自分たちが最初にこの困りごとを見つけたのではないからです。キーエンスのような先駆者的な企業が先に見つけて商品化しており、それを模倣して開発しようとしているケースがほとんどです。

ましてや、競合に勝とうとすればするほどどんどん機能を追加し、結果、機能は良くなっていくのですが、その分、コストもどんどん上がっていきます。そのような状況でコストを安くしようとすると、「値切る」しか方法がありません。

では、キーエンスの「見切る」とはどういうものなのでしょうか。「落として壊れる」という困りごとは、自ら探して見つけた困りごと（潜在ニーズ）であり、そのニーズを持っている人や企業に直接ヒアリングできます。そうなると、実際にどの場面で落としたのかを聞き出せます。例えば、先ほどの1から3までの場面について、実際の件数を集計してみたとしましょう。

1　机からオフィスの床へ落下　80％
2　オフィス内で歩行中に落下　15％
3　屋外で歩行中に落下　5％

このようになりました。このケースの場合キーエンスでは、一番最初の80％を満足させようと考えます。筆者もいくつかの新商品を企画しましたが、「１００％に対応するのではなく、80％に対応することを考えるべき」と、幾度となく指導を受けました。なぜなら、機能を多く積めば積むほどコストが高くなり、開発期間も長くなるため、せっかく見つけた役立ち機能を顧客に届けるまでの時間が長くなるからです。

この、「残りの20％には対応しない」という見切りによって製造コストを下げられるのです。これを胸を張って見切れるのは、20％しかないと分かっているからです。全部の想定を理解した上で、そこから機能を減らしていく。これを、先ほどの足し算とは逆の「引き算型の商品開発」と筆者は呼んでいます。

「足し算」と「引き算」はどちらが強いのか

先ほどの「落としても壊れにくいノートパソコン」の機能を単純に比較すると、フルスペック機能（足し算型）のほうが落下に強い商品なので、キーエンスの商品（引き算型）に比べて売れそうな気がします。でも実際は逆で、キーエンスの商品が売れるケースが

「見切る」ことが、大胆な原価低減につながる

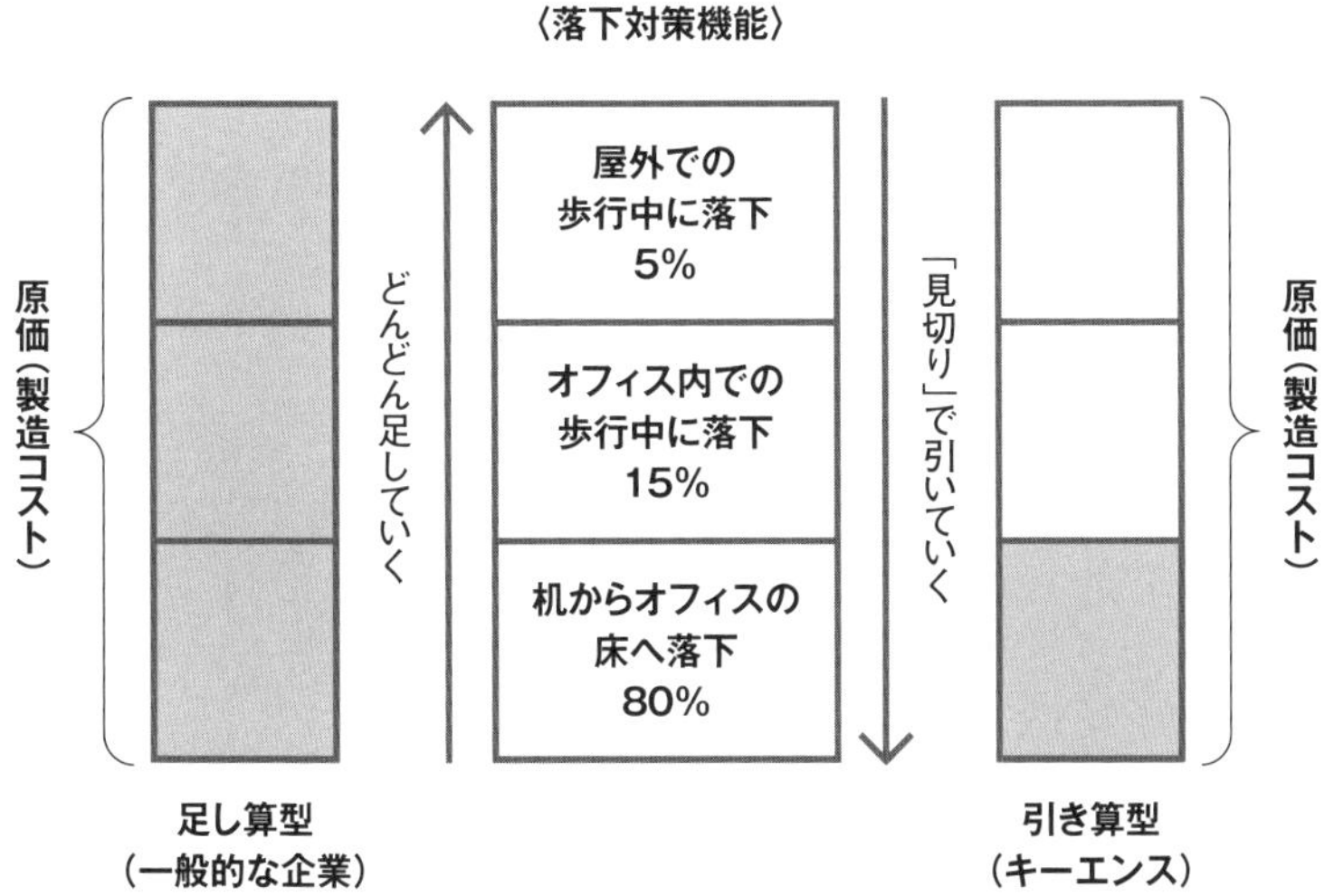

ほとんどです。

その理由は簡単です。キーエンスが先に困りごとを見つけて、いち早く市場に投入するからです。競合他社は、キーエンスの商品に搭載されている機能が評価されているのを見て、開発中の新商品に盛り込みます。もしかしたらその新商品には間に合わず、もう一世代後の商品にしか搭載できないかもしれません。

後出しのほうが強そうに見えますが、そうなるケースは稀です。なぜなら、競合他社がその機能を搭載した新商品を出す頃には、キーエンスは次の困りごとの解決策を見つけて搭載しており、常に一歩先を走っているからです。

仮に次の困りごとを見つけられず、「落下対策機能」のみで競合と勝負することになっても、80%の顧客はキーエンス製の商品で満足できるので、他社商品を買う人は少数派になります。

高く売れるモノを探して、安くつくる

このように、「困りごとを見つけてそれを商品開発に生かす」という方法は、常に競

困りごとを見つけて価値を高め、機能を見切って原価を下げる

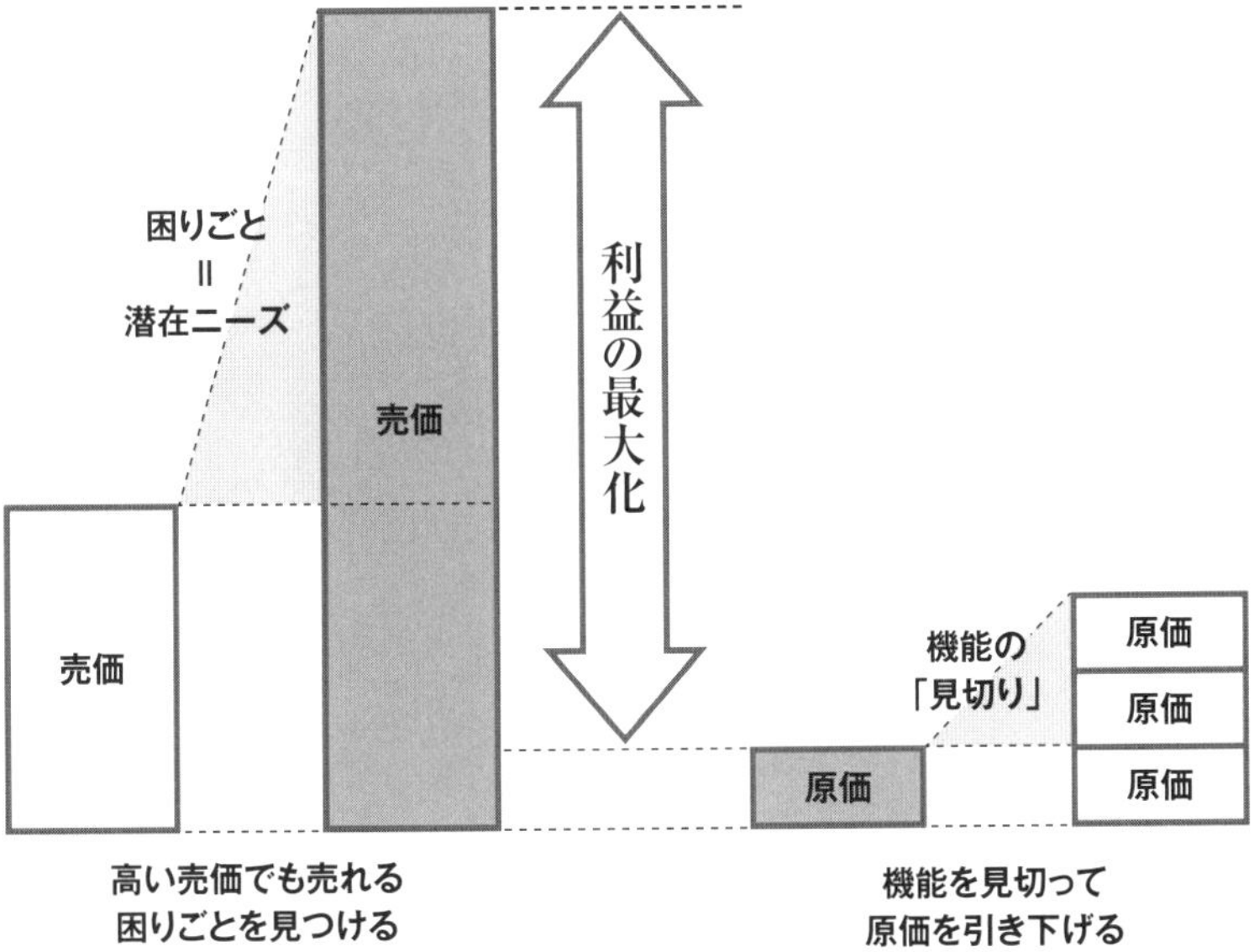

合の先を走れるというメリットの他に、機能についても「引き算」で対応できるようになるため、思い切ったコストダウンが可能となるのです。

「大きな困りごとを探し、それをモノ（解決する手段）として商品化する。価格は、直接的に発生する費用のみならず、そこで生まれる様々なコストを詳しく調べて決める。これにより、顧客の困りごとを解決できる価格の高い商品が生まれる。そして、その価格の意味を、営業担当者がしっかりと顧客へ伝え、気付いてもらい、納得してもらう」

これに加えて、「困りごとを深く調べる時点で、困りごとにより詳しくなる。それにより搭載する機能を見切る。求められている機能をすべて理解した上で、引き算の考え方で機能を絞り込む。これらにより思い切ったコストダウンが可能となる」

これが、価値と価格を最大化しコストを最小化する、キーエンス流の高収益商品のカラクリなのです。そして、この手法を徹底する思考の根底には、性弱説の考え方があります。次の章では、いよいよ性弱説に踏み込みます。

第2章

キーエンスの強さを支える「性弱説」

ビジネスの場における「性善説」と「性弱説」

▼性弱説は、「できないかもしれない」に備える考え方
▼難しい仕事ほど、性弱説的な視点が大切です
▼成功確率のアップが、企業・個人が生む成果を増やします

「マニュアルを作ったけど、思うように動いてくれない」

よくあるビジネスシーンの一コマです。ビジネスの様々な場面においてマニュアルの作成は大切。マニュアルとここでは一括《ひとくく》りにしていますが、それぞれの企業や現場で異

なる呼び名で呼ばれています。対面する相手とのやり取りを定型化するための「スクリプト」、特定作業の手順が記された「手順書」、設備の操作方法などが書かれた「説明書」など、非常に多くの種類があります。

社員が増えたり作業が増えたりすると一人一人にすべてを説明できないため、こうしたマニュアルを作成します。新人の成長速度を早めたり、人による仕事内容のばらつきを抑えたりしたいときにマニュアルは役立ちます。マニュアルを作っておけば、それが一つの基準となり、一定の水準が保たれるからです。

しかしながら冒頭のように、マニュアルを作ったからといって現場がその通りに動いてくれないケースは、現実ではあちこちで起こっています。

なぜ動いてくれないのでしょうか。まずはいくつか理由を挙げてみましょう。

■マニュアルを読んでも理解できない
■マニュアルを読んでもすぐには習得できない
■忙しくてマニュアル通りやる時間が確保できない

あたりでしょうか。他にも理由はあると思いますが、共通していることは、「○○○○できない」という言葉です。そう。人ってそんなに何でもできるわけではないのです。「人は特別なこと以外は何でもできる」という前提に立つか、「人は思っているよりもできないことが多い」という前提に立つか。これが「性善説」の前提に立つか、「性弱説」の前提に立つかの違いになります。

性善説とは、**人はみな本来善人であり、「正しく聞けば、正しいことを話してくれる」「正しく指示すれば何でもできる」「常識的なことはみんな分かっている」**というような考え方です。マニュアルに関して考えてみるとこんな感じです。

- ある程度のマニュアルを作れば、それを守って動いてくれる
- 仕事をきちんと頼めば、ちゃんとやってくれる
- スケジュールを明示したら、きちんと守ってくれる

どうでしょうか。すべてが「できる」という前提に立っています。ただ、実際のビジ

ネスの場では、これらを誰もが完璧にできることなどほとんどないでしょう。やることが多くなったり複雑になったりすると、忘れたり、適当にこなしたりするケースが出てきます。かといって、全くできないわけでもありません。「ある程度まで」は、この性善説の考え方でも大半の人は動いてくれます。

一方の性弱説とは、**人は本来弱い生き物なので、「難しいことや新しいことを積極的にはやりたがらない」「目先の簡単な方法を選んでしまいがち」**というような捉え方です。先ほどのマニュアルの話で出てきた内容そのままですよね。

■ちゃんとしたマニュアルを作っても、その通り動いてくれない人がいる
■仕事をきちんと頼んでも、抜けや漏れが出てしまう
■スケジュールを明示しても、なかなかその通りに進まない

皆さんの肌感覚はこちらに近いのではないでしょうか。多くの人が集まって働いている企業は基本的に、「思った通りには動かない」と考えるほうが自然でしょう。社員だ

けでなく、仕入れ先や販売先なども含めれば、膨大な人数が関わっているのです。

難しい仕事にこそ性弱説が効く

「性善説」の考え方は、社員を信頼しているという見方もできます。ですからその対になる「性弱説」は、社員を信頼していないという見方もできるでしょう。行き着く先は「能力もやる気も全く信頼できないから、一から十までトップダウンで管理してしまおう」という性悪説的な考え方でしょうか。

しかし、この見方は間違っています。一度この見方をしてしまうと、性弱説のそもそもの考え方を見失ってしまいます。性弱説は、仕事の難度が高ければ高いほど、必要となってくるのです。

今、あなたに普通の難しさの仕事が与えられたとします。そうするとあなたは、依頼してきた人の期待通りの成果を出せるでしょう。相手のほうは特に意識することなく、「あなたに仕事を頼めば普通にこなしてくれる」という性善説に基づいて頼んできているはずです。そして、難度がそれほど高くないのであれば、相手の想定した成果を提供

性善説と性弱説の比較

性善説

人はみな本来善人であり、「正しく聞けば、正しいことを話してくれる」「正しく指示すれば何でもできる」という見方

■マニュアルを作れば動いてくれる
■仕事を頼めばちゃんとやってくれる
■スケジュールを示せば守ってくれる

性弱説

人は本来弱い生き物なので、「難しいことや新しいことを積極的にはやりたがらない」「目先の簡単な方法を選んでしまいがち」という見方

■マニュアル通りに動かないかも
■指導しても抜けや漏れがあるかも
■計画を立ててもその通りに進まないかも

ビジネスシーンでは

できます。

ところが、仕事の難度が上がるとそうはいかなくなります。「何もアドバイスや手伝いをせずに任せたら、成果が期待できないかもしれない」という前提が必要になるのです。依頼する相手を信頼しているかどうかという話ではないのです。依頼する仕事の難しさと、その仕事にどの程度の成果を期待しているかによって、性善説的な視点で頼んでいいのか、性弱説的な視点が必要になるのかが変わってくるのです。

キーエンスではどうでしょうか。長年高収益を出し続けていることから、当然、社員に与えられる仕事は難しく、かつ高い成果を求められています。この点は、筆者が数多くの大企業を見てきたことから感じた、キーエンスと他社の〝違い〟でもあります。ただ、もう少し厳密に書くと、

■仕事の難度や、求められる成果の大きさは他の大企業でもそれなりに大きい
■ただし、それに対するアプローチが性善説的だから、成果の出方が違う

という表現になります。

難しい仕事、高い成果を求める仕事は性弱説視点で任せる

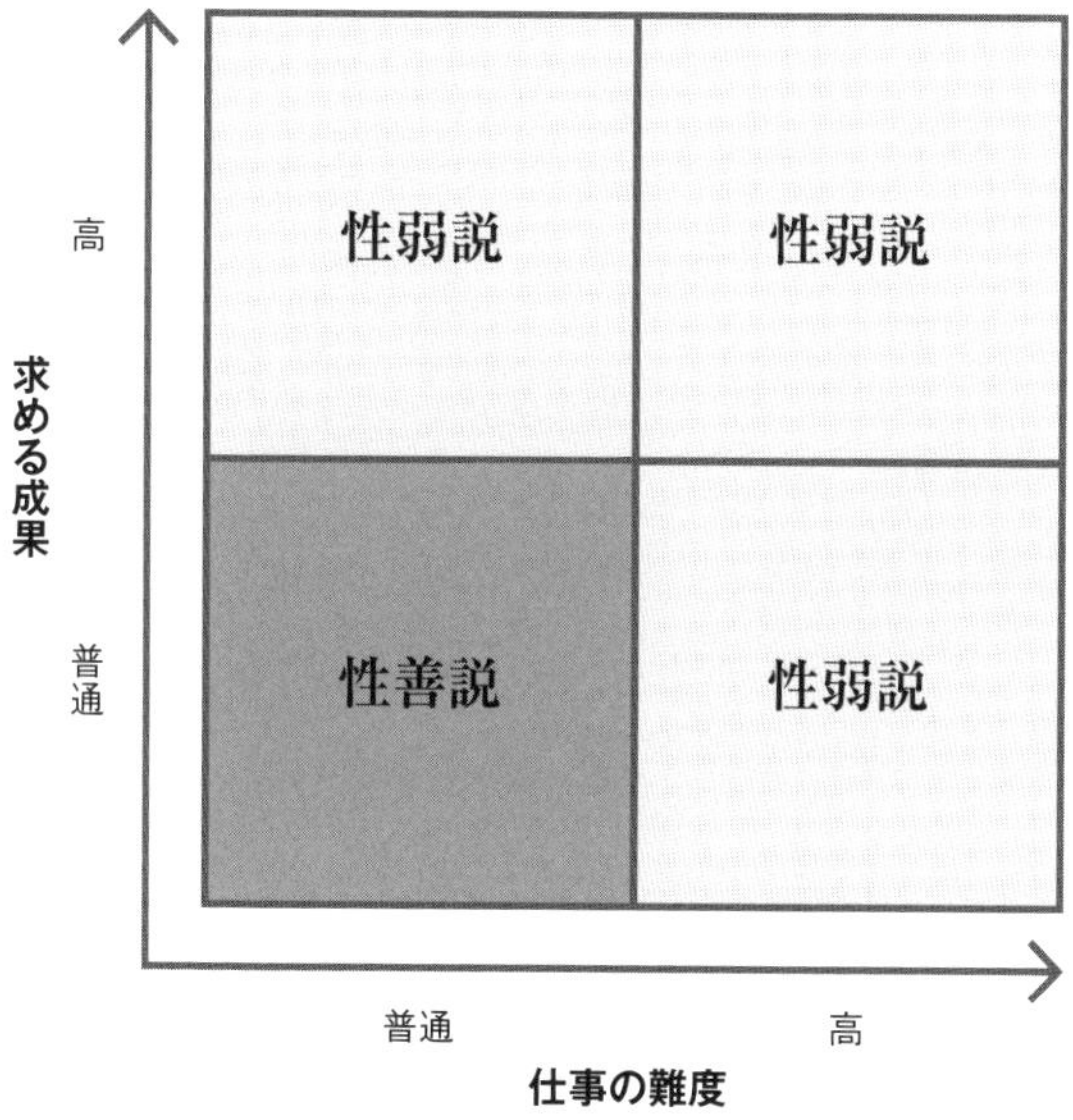

多くの企業では先ほどの例のように、難しい仕事を任せるときも「できるだろう」と楽観視し、性善説でアプローチしているのです。これは、「任せた以上、何か指示するのは失礼にあたる」という考え方ですべてを任せてしまっても同じ結果になります。

一方のキーエンスでは、これを「できないかもしれない」という性弱説視点でアプローチします。「任せた仕事をできる確率を高めるにはどうすればいいか」を優先して考えています。この両者の差が、結果に大きな違いを生んでいるのです。

63ページの図を見てください。この図は「仕事の難度」と「求める成果」とで仕事を4種類に分けた際、キーエンスが「性善説」「性弱説」どちらの視点で任せるかを表した図です。

右半分は、難しい仕事を依頼するゾーン。そして、上半分は高い成果を求めるゾーンになります。この4つのゾーンにおいて性善説で対応していいのは、左下の「難度が低く、普通の成果を求めるゾーン」だけです。

「できるだろう」「大丈夫だろう」というように、性善説的なアプローチをしても、難度と求める成果がともに普通のレベルであれば、多くの場合、期待に応えられます。

ところが、仕事の難度が上がったり、求める成果が高くなったりするとそうはいきま

一般的（性善説的）な企業とキーエンスでは任せ方が変わる

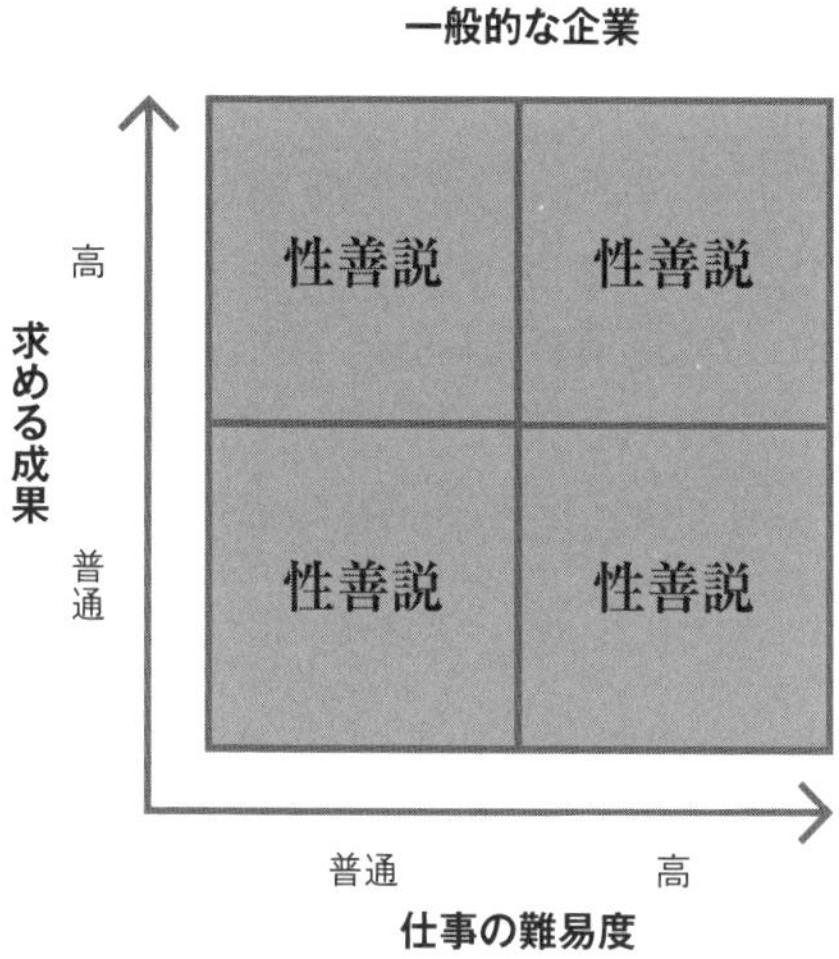

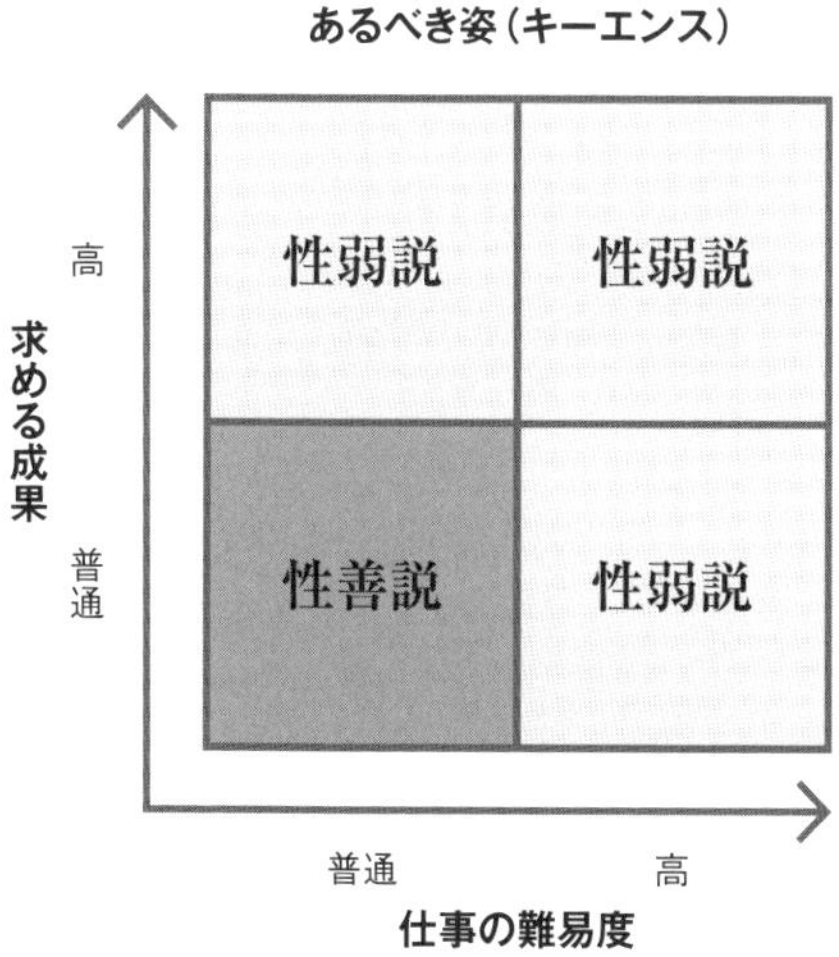

せん。図の左下以外の部分です。「期待するほどの成果が得られないかもしれない」「失敗するかもしれない」という性弱説の見方をして、準備をする必要が出てきます。

問題はここからです。本来、性弱説でアプローチすべき左下以外の3つのゾーンを、大多数の企業は性善説で対応します。その結果として、期待する成果を得られないケースが多くなってしまうのです。

キーエンスはここを性弱説で対応し、一般的な企業と比較して高い成果を出しています。こうして積み上げた成果の差が、収益性の差になっています。普通の仕事に対して普通の成果を求めているだけでは、キーエンスの高収益は達成できません。難しい仕事に対して性弱説の視点で対応し、高い成果を得やすくしているのです。

これは確率の問題です。これら3つのゾーンに性善説的なアプローチで臨み、大成功するケースはあります。運が良かったという場合もあれば、任せた担当者の類いまれなる能力や努力による場合もあるでしょう。逆に、性弱説的なアプローチを徹底しても、すべてが成功するわけではありません。

しかし、企業として100件や1000件の仕事を終えたとき、成功した仕事が占める割合に大きな差が生まれるのです。

画期的な新商品を生み出す
性弱説的なニーズ収集と分析

▼キーエンスの新商品は「世界初」「業界初」のオンパレード
▼ニーズの収集と分析が強みだが、ただ集めようと真似《まね》しても成果は出ません
▼「集まらないかも」「分析できないかも」という視点の仕組みづくりが必要です

「世界初、業界初の新商品が70％に達する」

これは、ビジネス誌などでキーエンスを紹介する際によく掲載される言葉です。世界初や業界初といわれる画期的な機能を搭載した新商品が全体の70％を占める事実は、キ

ーエンスが高収益を生み出している理由の一つとされています。大切なのは、そのような画期的な技術や商品を出し続けられる理由です。それは、性弱説に基づいて商品開発をしているからにほかなりません。

例えばキーエンスには、顧客のニーズを集める「ニーズカード」という仕組みがあり、顧客の要望や意見を営業担当者が集め、決められた様式で提出します。全社で毎月、数千枚のニーズカードが集まります。

これほど多くの情報があるから画期的な新商品ができるに違いない、という簡単な話ではありません。第1章「高収益を生み出すカラクリ」でお伝えしたように、価値の高い新商品開発に必要なのは「潜在ニーズ」です。つまり、顧客も気付いていないようなニーズを求めているのです。毎月数千枚集まっても、そのほとんどは顧客自身が既に気付いている「顕在ニーズ」です。

「これだけ口酸っぱく営業担当者に潜在ニーズを集めるように伝えて、その結果として数千枚のニーズが集まったのだから、そこには多くの潜在ニーズが含まれているだろう」という性善説の見方ではうまくいきません。

「どれだけ営業担当者に丁寧に伝えても、集まったニーズのほとんどが顕在ニーズかもしれない」という性弱説の見方に立って、集まったニーズを分析する必要があります。ニーズの山から潜在ニーズを見つけるのは難しく、その取り扱いも難しいものです。ニーズカードに「潜在ニーズ」「顕在ニーズ」と書いてあるわけではなく、それがどちらであるかは、それを受け取ったほうが、自分の知識や経験と照らし合わせて判断する必要があるからです。そのため、見分けるプロが分析を担当します。

これは本当に潜在ニーズなのか

キーエンスには、毎月集まるニーズを全部漏らさず見る商品企画担当がいます。その人が全体を俯瞰《ふかん》して1枚ずつニーズを見定めていきます。数千枚もあれば、中には「きらりと光る情報」が含まれているので、それを見逃さないようにします。この「きらりと光る情報」も潜在ニーズそのものではなく、潜在ニーズを見つけるヒントのようなものがほとんどです。

筆者自身が商品企画担当だったときも、届いたニーズカードすべてに目を通していました。その中からヒントとなる情報を見つけ、商品開発へ生かした経験もあります。有力情報を見つけると、長い場合は半年ぐらいかけて潜在ニーズを分析します。そして、「本当にこれは潜在ニーズなのか」という疑問を常に抱きながら、顧客を何十回と訪問し、捉えた情報の精度を上げていきます。そして、潜在ニーズを正しく捉えて新商品を開発できたときに初めて、「世界初」「業界初」の画期的な新商品が生まれます。

このようにニーズカードという仕組みは、ただニーズを集めて提出する枠組みさえつくれば機能する、というものではありません。「ニーズが集まらないかもしれない」「集まったニーズを的確に分析できないかもしれない」という性弱説に立ち、ニーズが集まるような仕掛けづくりと、それを見分けられる人の育成、有力情報を掘り下げられる体制まで築いて、初めて機能するのです。

画期的な新商品が完成しても、それを買ってもらえなければ収益にはつながりません。そのため、顧客へ提案する段階でも性弱説の視点が必要になります。「潜在ニーズから作られた新商品は、顧客が役立ち度に気付かないかもしれない」という前提に立ち、営業担当者が「気付いてもらう提案」をしていくキーエンス式の営業をするのです。

この提案方法は「ソリューション提案」とも呼ばれます。ソリューション提案とは、顧客の困りごとを顧客から聞き出し、それに対する最適な解決策を提案するという一連の活動を指します。この仕事は単に自社の商品を紹介すればいい営業とは違うため「難度の高い仕事」であり、着実な成果を求めるためには、性善説ではなく性弱説的なアプローチが必要となります。

私がコンサルティングをさせていただいた企業の中には、次のような考え方を持つ経営者や部門長が多くいました。

「デジタルトランスフォーメーション（DX）の一環で、顧客情報管理（CRM／Customer Relationship Management）やSFA（Sales Force Automation）といったシステムを導入すれば、ソリューション提案ができるようになるだろう」

これは完全に性善説的な考え方です。CRMやSFAはあくまで道具であり、それを使いこなすのは人です。ましてやこれらのシステムを入れるだけで、顧客が持っている潜在ニーズを引き出せるかというと、はっきりと無理だと言い切れます。

「キーエンスの営業担当者は業界や現場のことをよく知っている。提案内容も役に立つものが多い」という評価を受けるキーエンスでは、ソリューション提案をしっかりと行うために、日々、訓練をしています。その1つが、

■ロールプレイング（顧客を想定した会話の訓練。通称はロープレ）を日常的に行う

というものです。これは性弱説的な見方に立ったトレーニングです。営業担当者に「顧客の潜在ニーズを収集し、役立ち度の高いソリューション提案をしてください」と方針を伝えたとしても、それだけでは絵に描いた餅。顧客の困りごとを聞き出すためには、

■顧客の業界や商品、工程に詳しい
■自社商品の、顧客企業における役立ち方（効果的な使い方）を熟知している
■顧客から短時間で必要な情報を収集するヒアリング能力がある

ニーズの集め方・扱い方でも視点の違いが出る

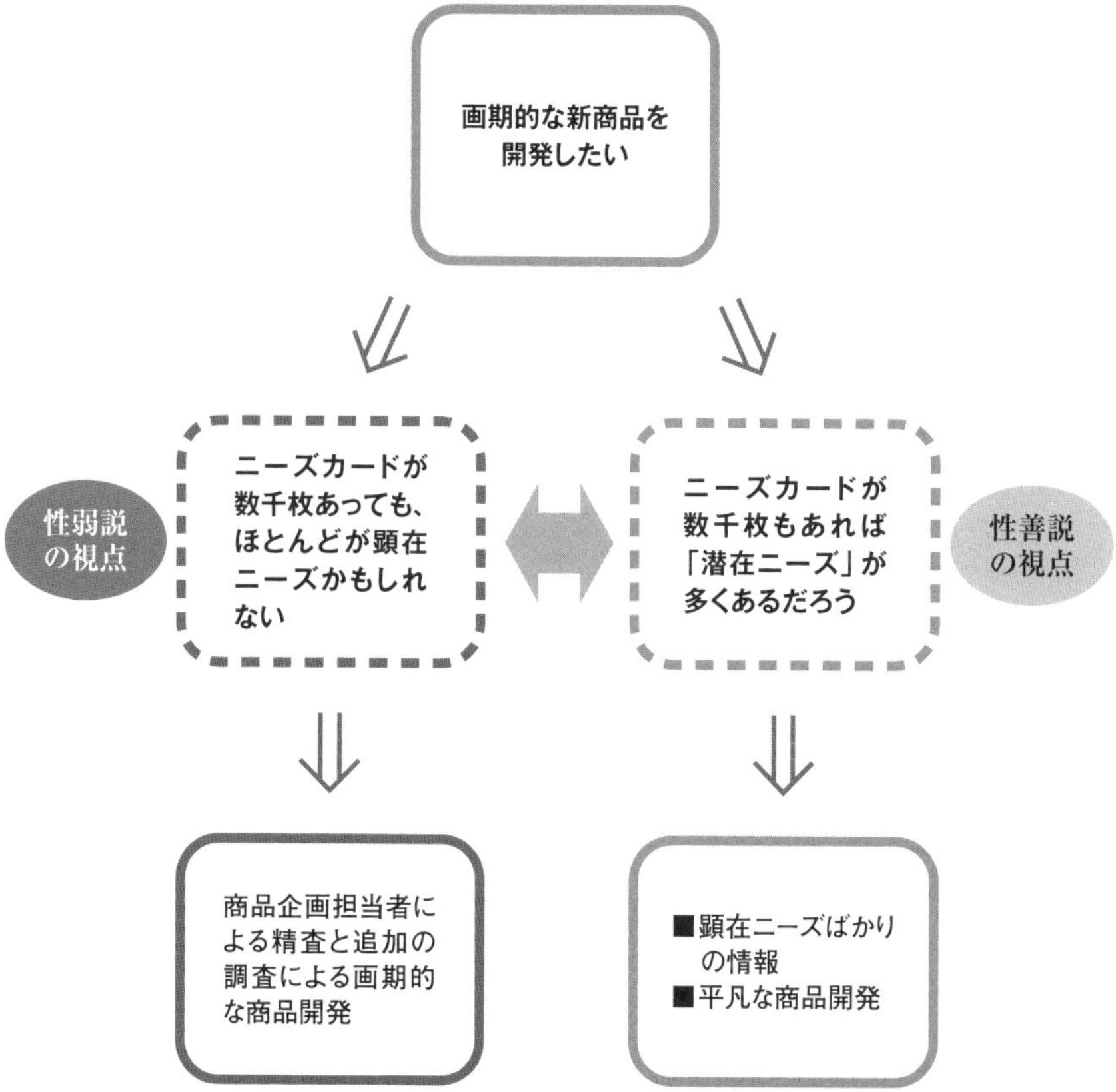

人間であることが求められます。これらがそろって初めて聞き出せるかどうか、というくらい難しい仕事なのです。従って、「必要な知識や能力がそろっていないかもしれない」という前提で、いくつかの仕組みによる手当てが必要です。この場合は、

■顧客の業界や工程に詳しくなるための資料、ツールを充実させる
■自社商品の役立ち事例の整備
■短時間で情報を聞き出すトレーニングの場の設定

といった取り組みになります。これらは実際にキーエンスで採用しているものです。こういった仕組みはすべて性弱説的な見方に基づいて運用され、現場への定着が図られています。そして、こういったツールやトレーニングに支えられた営業担当者だからこそ、「顧客が信頼して相談してくれる関係性が生まれ、そこから潜在ニーズを引き出し、効果的なソリューション提案をする」という流れができているのです。

ソリューション提案は、準備や訓練が必要な難しい仕事

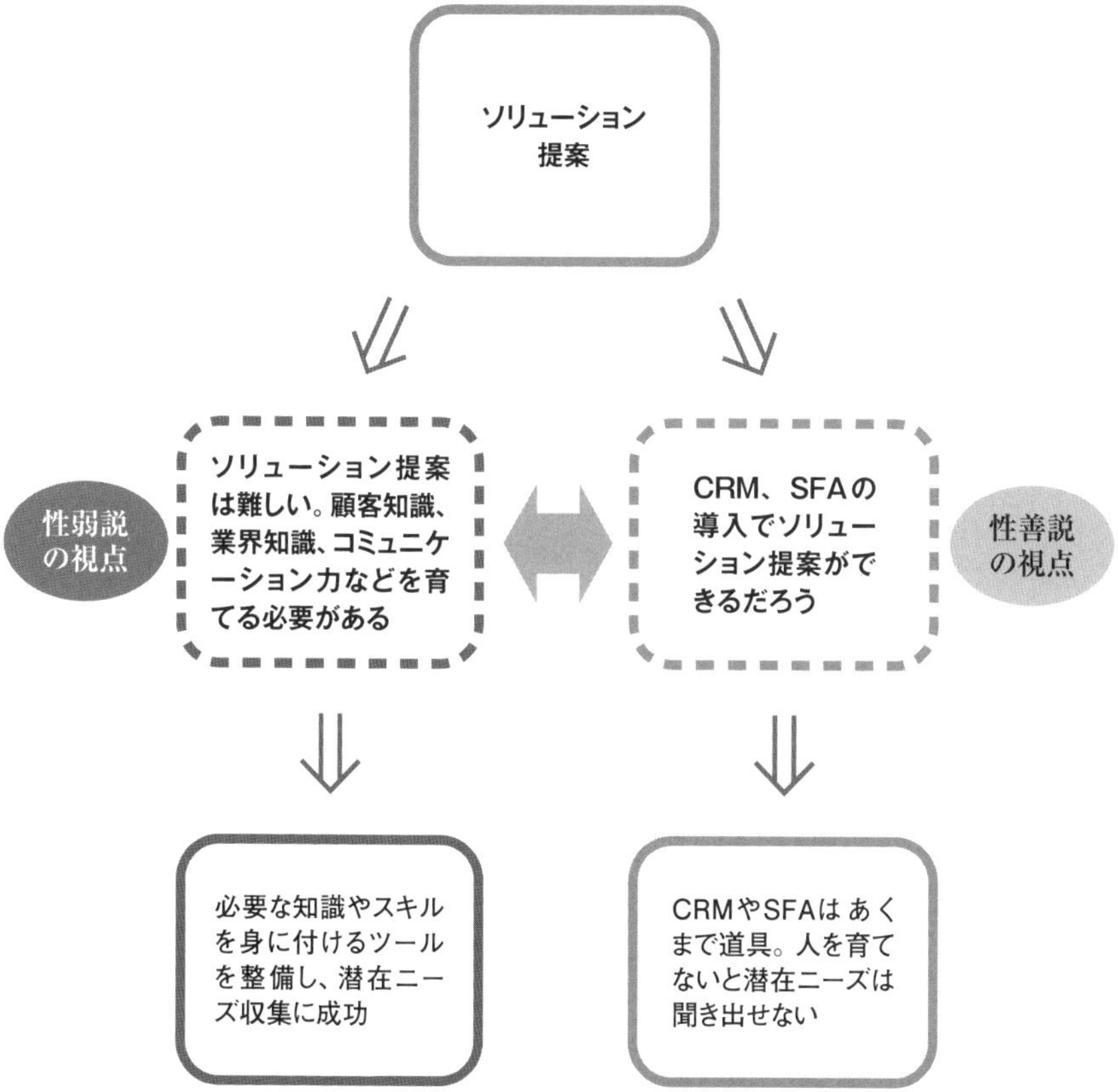

仕事の密度を大切にする

ご自身が経営する企業、勤める企業の社員1人が、1時間当たりいくらの「付加価値」を生み出すかご存じでしょうか。これは「付加価値生産性」と呼ばれるもので、人時生産性などともいいます。企業全体の収益性を考える上で重要なものです。付加価値額の算出が難しい場合は、売上総利益（粗利益）額が近しい数字なので参考にしてみてください。なお、**キーエンスの付加価値生産性は1時間当たり3万円**※です。

※付加価値額ではなく売上総利益（粗利益）額で計算。キーエンスの2023年3月期の財務データによる。売上高9224億円　従業員数1万5880人　売上総利益率（粗利率）81・8％　年間稼働日数240日　1日の労働時間を、残業2時間を含む10時間として計算

この数値だけ見てもピンとこないかもしれませんが、こちらではどうでしょう。1年間に換算すると、社員1人が約7000万円の付加価値額（粗利益）を生み出している計算です。ちなみに付加価値生産性（1人1時間当たり）が

5000円の場合………　1人が生み出す年間の付加価値は　960万円※
10000円の場合……　　　〃　　　　　　　　　　　　　　1920万円

となります。

※1日8時間勤務、1カ月20日間勤務(月間160時間勤務)で計算

自社の付加価値生産性を計算してみると、キーエンスの3万円という数値がいかに高いかお分かりになると思います。そしてそれを実現するためには、「難度の高い仕事をやり、高い成果を出し続ける」ことが求められます。従って、ここでも性弱説的な見方が必要となります。

例えば、営業担当者が記載する日報(キーエンスでは外報といいます)には面談時間を記録する欄があります。そしてこの欄は1分単位で記録します。なぜ1分単位で記録するのでしょうか。それは、

■求められる付加価値生産性が1時間当たり3万円であることを常に意識させる

ためです。経営理念などに明記したり、オフィスに標語として張り出したりしたら社員がそれを強く意識するというのは性善説な見方です。読者の皆さんが社長から、「時間当たりの利益を意識して働くように」と朝礼で毎回言われても、それを常に意識して仕事をするのは難しいですよね。それだけ、浸透させるのは難しいことなのです。だから、その考え方を浸透させる方法を考えないといけません。具体的には、

■日報という普段から使う書類を1分単位で記載させ、1分の重要性を認識させる
■その結果として、1時間の付加価値生産性を高める（高い状態で維持する）

という思考の順序になります。

人は効果的に動かし、情報は質を高める

ここまでお伝えしてきたように、役立ち度の高い商品を開発することから、顧客への

役立ち度の高い提案まで、あらゆる場面で難しい仕事と高い成果を求めているのがキーエンスです。そこでは様々な仕事に対して、性弱説的な見方で仕組みをつくり込んでいます。そこには大きく2つの考え方があります。それは、

「人は効果的に動かす」
「情報は質を高める」

というものです。「人は効果的に動かす」とは文字通り、社員ができるだけムダや寄り道をしないように動かして、より多くの成果を出してもらうようにすることです。しかしながら、人はそんなに簡単には動いてくれません。さらに、社員の数や業務の種類が増えると、どんどん難しくなっていくのが実情です。そこで、性弱説の見方で対応しているわけです。人を効果的に動かすための他の仕組みとして、

■営業担当者の報連相は「事前事後報告」で実施
■真面目に仕事に取り組んだ人が損をするような評価指標を採用しない

といったものがあります。これも、性弱説の見方による仕組みの一環です。営業担当者の報連相については、「はじめに」でも述べました。事後報告だけではなく、事前に確認やアドバイスをすることで、上司と部下の間の認識のズレをなくしたり、顧客との面談時に必要なスキルや資料の点検をしたりするのが狙いです。

「そんなに大事なら事前にアドバイスしてくれればいいのに」

という部下の思いは切実です。できる前提で何もしないのではなく、大事なことであればあるほど、漏れがないように確認すべきだというのが性弱説的な考え方です。そういうアドバイスをしないで後から怒る上司に限って、部下のほうから確認しようとすると「それくらい自分で考えて動け」と言うものです。経営者や部門長であれば、そういう上司の〝弱さ〟も想定して、事前事後報告を仕組みとして整える必要があるのです。

次に触れた評価指標については、特定の人が有利になるような評価指標ではなく、社

仕事の密度は現場任せでは高くならない

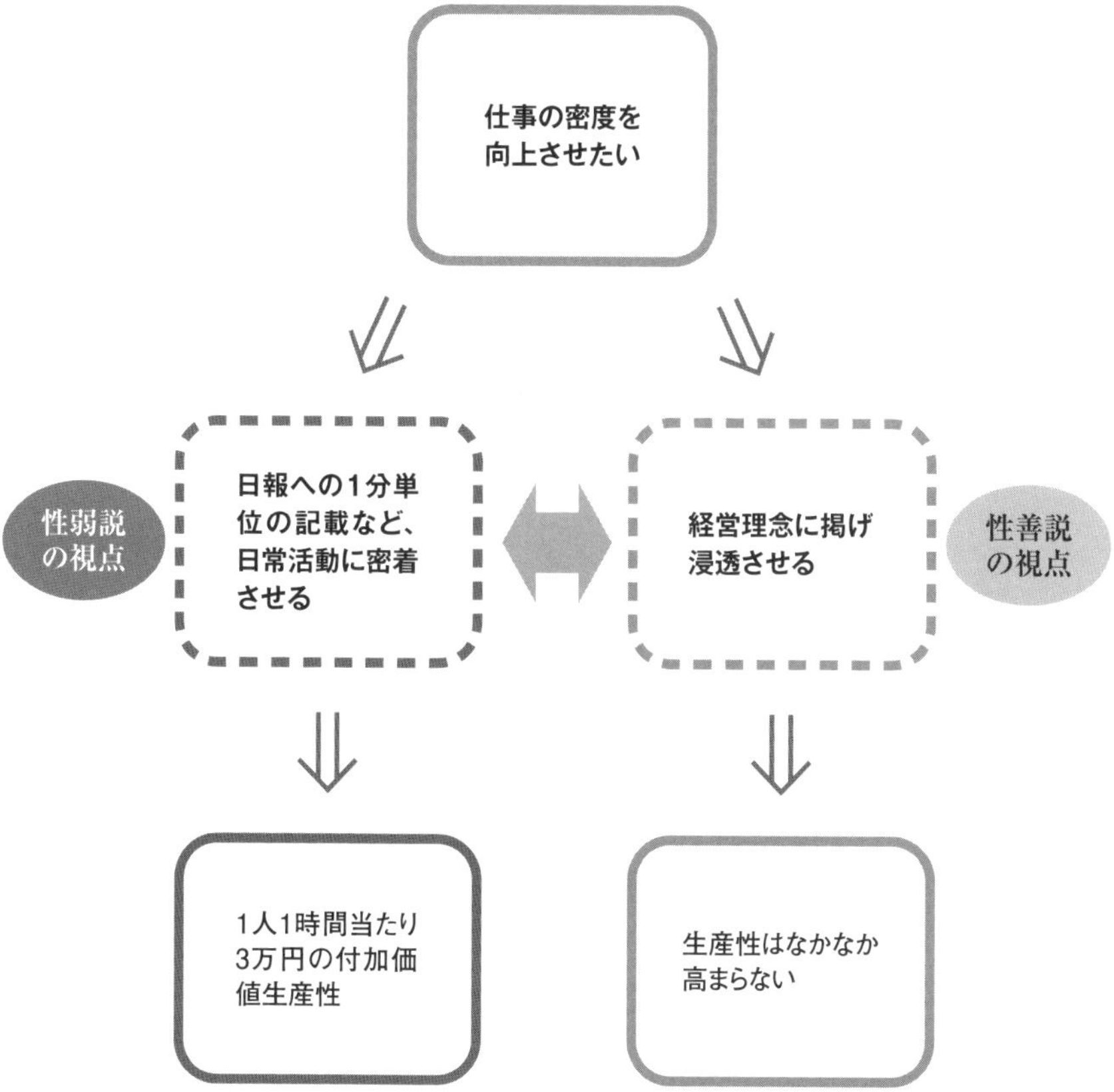

員の多くにとって、「活躍のしどころがある評価指標」を採用するという意味です。例えば営業担当者の評価を見てみましょう。一般的な企業では、**予算に対しての達成率（予算達成率）による評価**が多いのではないでしょうか。予算達成率での評価とは、立てた目標（予算）に対して、何％達成したかという基準で評価するというものです。

一見理にかなっていますが、実に性善説的です。なぜなら、この予算達成率を最大の評価指標とする場合、**予算が最適に立てられているという前提が必須**です。そして、自身の**予算を下げることに成功すると得**をします。目標が達成しやすくなるからです。つまり、予算達成率のみで評価する制度では、実績を積み上げて予算を達成するという正攻法の他に、予算を意図的に引き下げて達成率を上げるという攻略法が有効なのです。

もし、社内で声の大きい人が「自身の担当先は業績が良くないから現状の予算は現実的ではない」と猛烈に主張し、彼自身の予算を下げたとしましょう。その真意がどこにあるかは別として、この人は自分がいい評価を受けられるように行動したのです。これは、自分以外の人を不利な状況に置いたのと同じ意味を持ちます。

こういった人が出現すると、そもそも評価の前提となる予算は「声の大きい人の主張がまかり通る数字」になります。

顧客を訪ねて提案し、受注するという仕事は大変厳しいものです。そして、それをせずとも高い評価を得る(もしくは、悪い評価を受けない)方法があるとしたらどうでしょうか。少なくない人数の上司や先輩が実践し、企業から高い評価を受けているのを目の当たりにしたらどうでしょうか。そういうときに「だったら自分もやってしまおう」と考えるのは、人間として自然なものです。性弱説とは、まさにこういう心の動きを想定する考え方なのです。

ではキーエンスはどうなのでしょうか。キーエンスでも、予算達成率は評価指標の1つです。それに加えて、「対前年伸び率」など、複数の指標を採用しています。対前年伸び率とは、昨年実績と今年の実績を比較して、前年からどれだけ伸ばしたかを示す指標になります。つまり、予算達成率が高くても対前年伸び率も高くないと、抜群の評価にはなりません。先ほどの事例では、「声の大きい人が予算を下げる」という状態を説明しましたが、この方式だと、仮に予算を下げて目標を達成しても、伸び率が低ければ高い評価を受けられません。予算も伸び率も悪い状態よりはマシですが、自分の労力をつぎ込んで、同僚の顰蹙《ひんしゅく》を買うリスクを負ってまでも予算の引き下げをするだけの価値はなくなるでしょう。

評価制度というものは、本人の給与や出世に直接効きます。だからこそ、公平性を確保しなければモチベーションは高まりません。このような考えの下、仕組みを設計し、運用しているのがキーエンスです。

潜在ニーズを引き出せる「開発情報」の集め方

次は情報についてです。

「最近導入したCRMに顧客からのニーズを蓄積し始めたらクレーム情報だらけ」

笑い話のようですが、筆者が幾度となく顧客企業で見てきた光景です。これについては原因がはっきりしていて、「CRMに情報を蓄積すれば役に立つ情報が集まる」という視点で情報の蓄積をしているからです。これも、当事者であればすぐにお分かりだと思いますが、現実を踏まえていませんよね。確かに、量を集めようとすれば集まります。問題は質です。情報の質を高めようとすると、それは「難度の高い仕事」になるため、性弱説の視点でアプローチしないと成果は望めません。

先ほどのニーズカードの事例では、ただ導入しただけでは有効な情報は集まりにくい、と述べました。では、質の高い情報とはどんな種類の情報で、どうやって集めればいいのでしょうか。

まずは質の高い情報を、顧客への役立ち度という点で整理してみましょう。

■役立ち度の高い商品開発につながる情報
■役立ち度の高いソリューション提案につながる情報
■上記2つにつながる情報

このようになります。そして、これらの情報は自然に集まってくるものではないため、意図して取りにいく必要があります。意図して取りにいくためには情報を整理し、取りにいきやすい状態を整えなければいけません。

ここで、キーエンスが活用するビジネスにおける情報の種類について紹介します。

■販売活動につながる「営業情報」

これは、「時期」「数量」「金額」「予算」「競合」といった、販売活動に必要な情報です。販売活動(営業活動)に携わった経験がある人ならお分かりだと思いますが、これらの情報は商談をしたら必ず聞いてくる情報です。

■導入のために必要な「仕様情報」

「サイズ」「機能」「性能」というように、商品・サービスを実際に導入できるかどうかを確かめるために必要なものです。例えば自動車を売る際、自宅の車庫に入らない車は買ってもらえません。そのような車を誤って提案しないために、車庫の大きさを確かめます。こういった類いの情報を「仕様情報」といいます。

■役立ち度の高い商品の開発やソリューション提案につながる「開発情報」

「営業情報」「仕様情報」とは違い、いわゆる「なぜなぜの問い」から出てくるものです。

「なぜ必要とされているのか」……必要理由
「今まではどんな方法を採用していたのか」……現状方法
「今までの方法ではなぜダメなのか」……現状方法の問題点
「今までの方法でどれぐらいの時間・工数がかかるのか」……問題の大きさ

といった情報になります。これは、「役立ち度を高める」という観点から非常に重要です。これらの情報が役立ち度の高い商品開発やソリューション提案につながるのは、開発情報が「潜在ニーズ」につながっているからです。

一般的な企業活動では、問題があれば何らかの方法で対応しています。例えば、職場が暑ければ当然エアコンを導入しているでしょう。そして、エアコンを導入済みの職場にエアコンを売りに行っても「間に合っています」と言われるのが落ちです。

ところが、そのエアコンを導入している顧客から、「暑いのでエアコンを導入したい」という相談が来たとしたらどうでしょう。このときに収集すべき情報こそ開発情報です。

「エアコンを導入しているにもかかわらず、なぜエアコンが必要なのか」

開発情報の「必要理由」「現状方法」を確かめるための質問です。次のような答えが返ってきました。

「エアコンはついているが、一部の作業者の周りが暑いので、そこを冷やしたい」

このような場合に提案すべきは、エアコンをもう1台導入したり、既存の1台をより高性能のものに置き換えたりという話ではありません。

暑がっている作業者がいる場所だけを局所的に冷やせる「スポットクーラー」のよう

顧客からの情報を3つに分類する

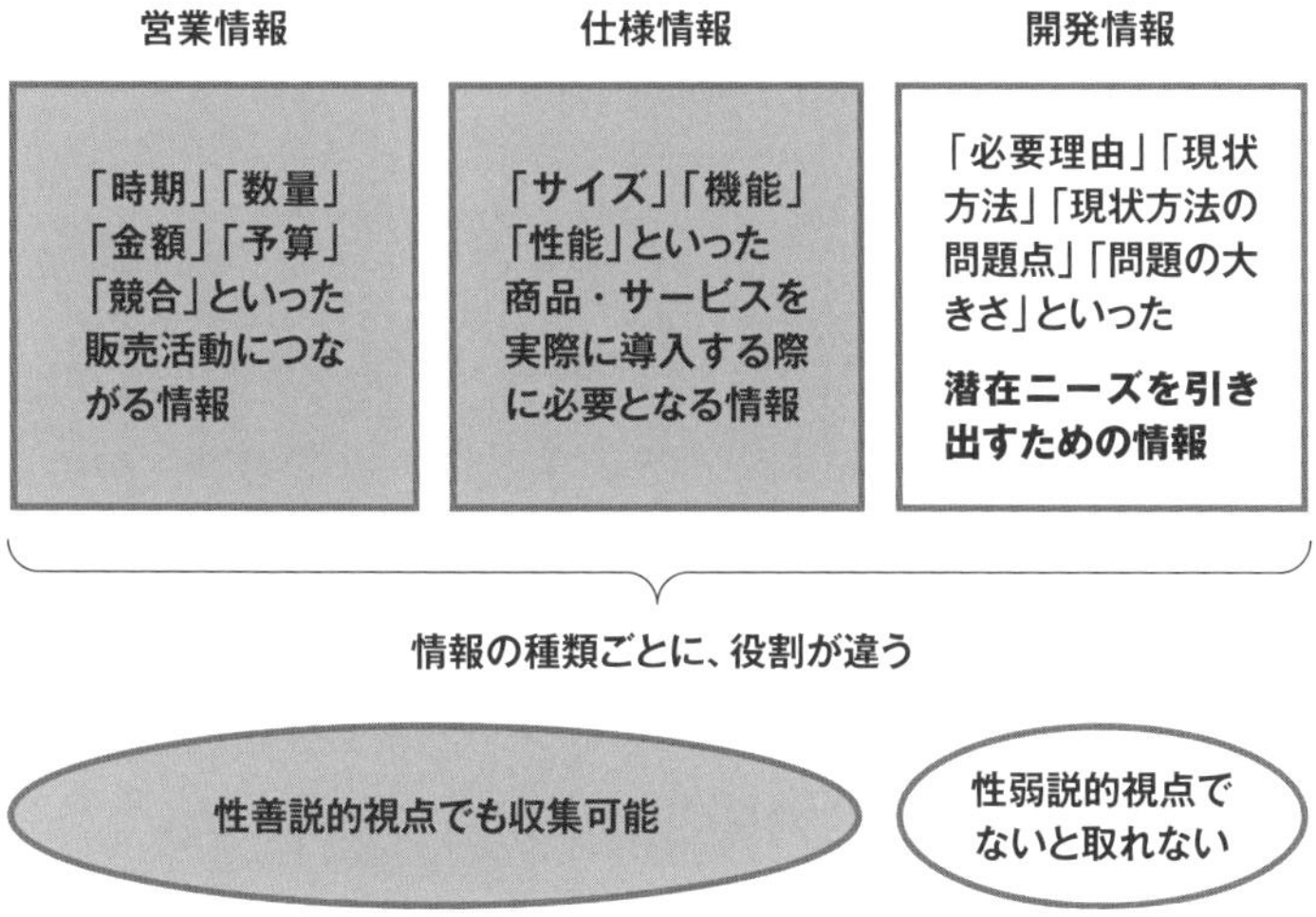
営業情報
仕様情報
開発情報
「時期」「数量」「金額」「予算」「競合」といった販売活動につながる情報
「サイズ」「機能」「性能」といった商品・サービスを実際に導入する際に必要となる情報
「必要理由」「現状方法」「現状方法の問題点」「問題の大きさ」といった
潜在ニーズを引き出すための情報
情報の種類ごとに、役割が違う
性善説的視点でも収集可能
性弱説的視点でないと取れない

なものが適しているでしょう。この、「本当はスポットクーラーのような、特定の場所だけを冷やせる設備が欲しいけれど、顧客自身はスポットクーラーが有効であると知らない」というものが「潜在ニーズ」なのです。つまり、潜在ニーズを引き出そうとすると、「開発情報」の収集が必須です。先ほどの「営業情報」「仕様情報」だけでは、この「潜在ニーズ」に到達できません。そのため、

「開発情報は放っておいても取れないから、ヒアリングシートのフォーマット化やロールプレイングの充実で、開発情報を集められるようにしよう」

と、性弱説の視点で仕組み化を進める必要があるのです。実際、キーエンスの営業担当者は口癖のように「今はどうやっているのですか」と質問します。商品開発の現場においても、「現状方法はどうやっていて、何が問題なのか」を最重視します。つまり、キーエンスの情報収集のベースは、開発情報の収集なのです。それが役立ち度の高い商品を生み出し、役立ち度の高いソリューション提案につながっています。

戦略に対して、具体的な仕組みを整える

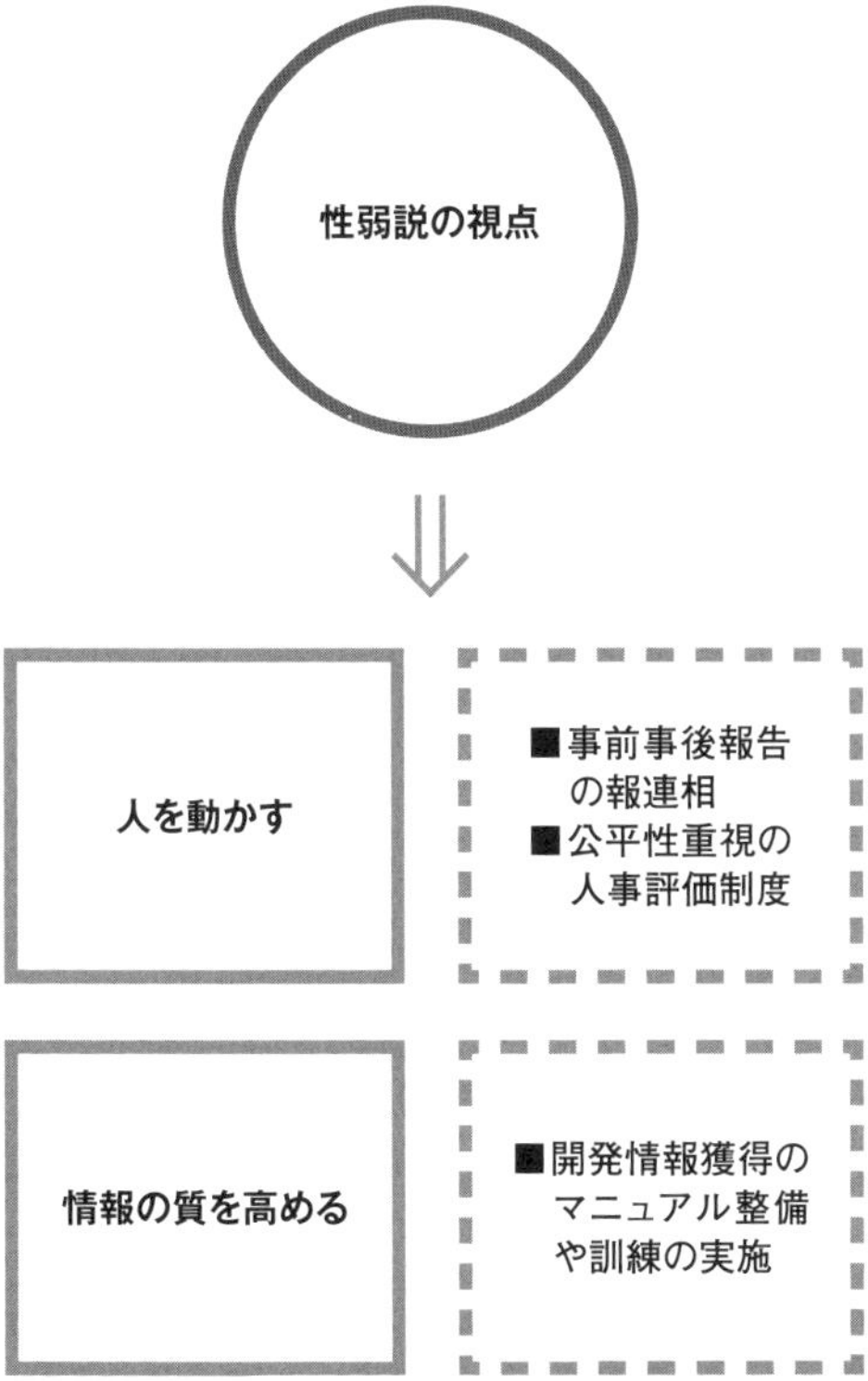

「仕組みを動かす仕組み」を持つ

筆者が何度も仕組みの大切さを伝えるたびに、「そうは言っても、仕組みが機能しないことだってあるのではないか」と疑問を持っている読者もいると思います。ここでは、先ほど紹介した「1分単位で記入する日報」を例に、「仕組みを動かす仕組み」についてお話しします。

付加価値生産性の話の中で書いたように、キーエンスの営業担当者は日報に1分単位で記入します。「経営理念などに載せるだけでは浸透しないかもしれない」という考えの下、日ごろの活動に落とし込み、時間に対する意識を高める仕組みです。しかしながら、キーエンスはこれだけでは終わりません。さらに浸透させるために、上長と監査部門(キーエンスでは単に「監査」と呼びます)によるチェックを入れるのです。具体的には、

■上長が報連相を受ける際、日報に1分単位で記載していないと注意・指導する
■上長がしっかりと指導するように、監査部門が記載状況をチェックし、漏れが多い場

合は上長に指摘する

という徹底ぶりです。なぜここまでするのか。答えは繰り返しになりますが、「難度の高い仕事でいかに成果を出してもらうか」に尽きます。1分単位での記載は、仕事の密度管理のためにとても重要です。しかしながら面倒な作業でもあるため、つい忘れがち、サボりがちなものでもあります。これを防ぐために、二重、三重にカバーするのです。

このように、重要な仕事には「仕組みを動かす仕組み」をつくります。先ほどのニーズカードも同じです。ニーズカードを導入した多くの企業では、「最初はいいが長続きしない」という課題が見られます。キーエンスでは、毎月確実にニーズカードを出してもらうために、次の仕組みを導入しています。

■ニーズカードを出さないと人事評価でマイナス評価がつく
■賞金が出る「ニーズカード賞」を四半期や年間で用意する

これが「仕組みを動かす仕組み」です。

「メカニズム思考」という共通言語

▼キーエンスには「メカニズム思考」という共通言語があります
▼論理的に考える習慣があり、その結果が重視されます
▼その結果、非効率や不公平が発見・修正されやすい組織になっています

性弱説の下で仕組みを正しく機能させるためには、物事の因果関係を正しく把握する必要があります。何がどうなっているかを正しく把握しないと、機能させる仕組みがつくれないからです。このような考え方を突き詰めてきた結果、キーエンスの内部ではある共通の思考法が出来上がっています。それが、**メカニズム思考**です。

メカニズム思考はロジカルシンキングと近い意味です。物事を論理的に捉えていく思考法を指します。キーエンスのメカニズム思考が特徴的なのは、一般的なロジカルシンキングが「個人の思考法」にとどまる考え方であるのとは対照的に、企業全体が論理的な思考で動いている点です。そしてその思考法は、様々な場面で「言語化」されています。

「12カ月連続の目標達成はおかしい」と気付けるか

ある営業担当者が、12カ月連続で営業目標を達成しました。これは私がキーエンスに在職している際、営業本部内で実際に交わされた言葉です。メカニズム思考が定着している分かりやすい事例なのでここで紹介します。

12カ月連続達成を知った本部は「12カ月連続達成はおかしい」とその担当者が所属する部署にコメントをしました。一般的な企業であれば、明確な不正が見つかるなどしない限り、目標達成を称賛する場面ではないでしょうか。では、本部はなぜおかしいと考え、指摘したのでしょうか。その理屈は以下の通りです。

■キーエンスでは、毎月の売り上げ目標は1／2の確率で達成できるかどうか、という高い目標を掲げないといけない
■12カ月連続達成は、1／2の確率を12回連続で実現したことになる
■1／2の12回連続は、計算上は0・02％（1万回に2回）となる
■このような話が日常的に聞こえてくるのは、目標の立て方に問題があるはずだ

言われてみればその通りです。ここで大切なのは、このような話を「論理立てて言語化するかどうか」です。「目標達成はめでたい話なのだから、水を差すような話をすべきではないのでは」と考えずに指摘するのがキーエンス。そして、そのような話に「そこまで言わなくていいのでは」と考える人よりも、「確かにそうだよな。目標設定が低いのだろう」と考える人のほうが圧倒的に多いのがキーエンスなのです。そこに、先ほどの予算設定の話と同じく、目標を引き下げる人が得をする余地はほとんどありません。

先ほどの「開発情報」の話もメカニズム思考そのものです。情報には種類があり、営業情報や仕様情報だけでは役立ち度の高い提案ができないという前提に立ち、開発情報を取るように資料や指導法を整えるのです。実際にこの3つの情報の話を読んでみて、

「自分も同じようなことを考えていた」「仕事ができる上司や先輩は、確かにこの開発情報に近いものを集めるのが上手だった」と納得できた読者もいるはずです。これが言語化です。キーエンスでの言語化の事例はいくらでもあります。

「先日、自動車メーカーから問い合わせがありました。部品の不良品の流出をセンサーで止めたいという内容でした」と部下が上長に報告しました。この報告を受け取った上長の最初の言葉は、「今はどうやっているのですか（現状方法の確認）」がほとんどです。つまり、顧客がキーエンスの商品を買いたがっているかや、売れた場合どの程度の金額になりそうかといった話よりも、「現場で何が起こっていて、どのような問題が起きているのか」というメカニズムの解明が先なのです。これを毎日のように行い、聞き出す力が弱い担当者には、ロールプレイングで訓練するのがキーエンスのやり方です。

つまり、性弱説に基づいて人を動かし、情報の質を高めるには、

■どうすれば人が動くのか
■どうすれば質の高い情報が得られるのか
■現状はどうなっているのか

というメカニズムの解明を常に考えて言語化し、仕組みに落とし込むことが大切です。

性善説だと社員が成果を生めない仕事

ここまでキーエンスの強さを支える性弱説について見てきました。簡単にまとめると、

■難度の高い仕事で成果を出すためには性弱説の視点が必要
■性弱説の視点に基づいて人を動かし、情報の質を高める
■個人も組織も論理的に考えるメカニズム思考を持ち、得たものを言語化する

というものでした。これらによって仕事の密度が高まり、高収益を生み出します。

100ページの図を見てください。これは先ほど紹介した図を、一般的な企業とキーエンスとで比較したものです。一般的な企業のケースでは、1日8時間の業務時間のうち、5割程度の密度で仕事していると仮定します。そうすると実業務時間は、8時間×50%＝4時間です。点線で囲った面積が4時間分というイメージです。

性弱説的視点の実行をメカニズム思考が支える

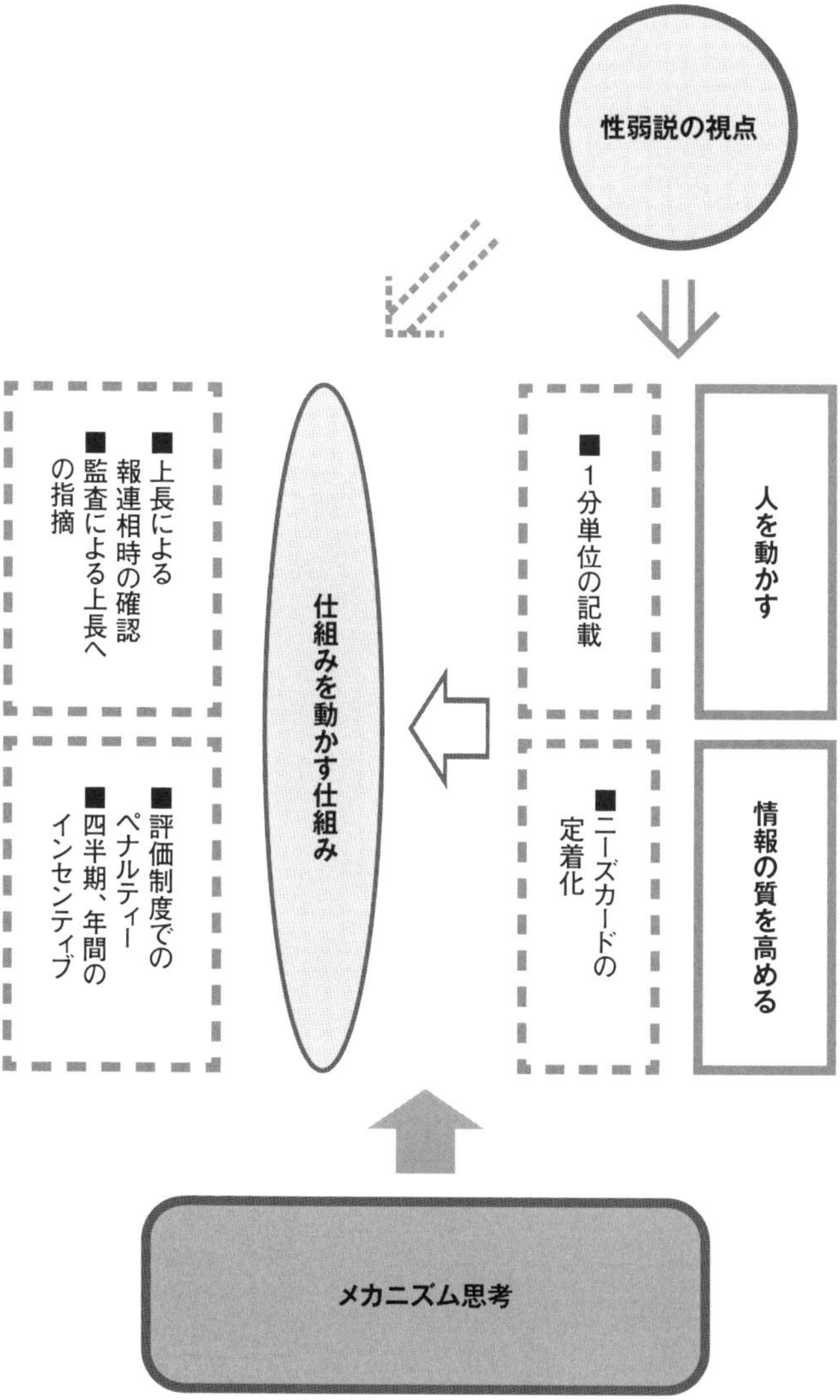

性善説で臨むと成果が得られる分野は少ない

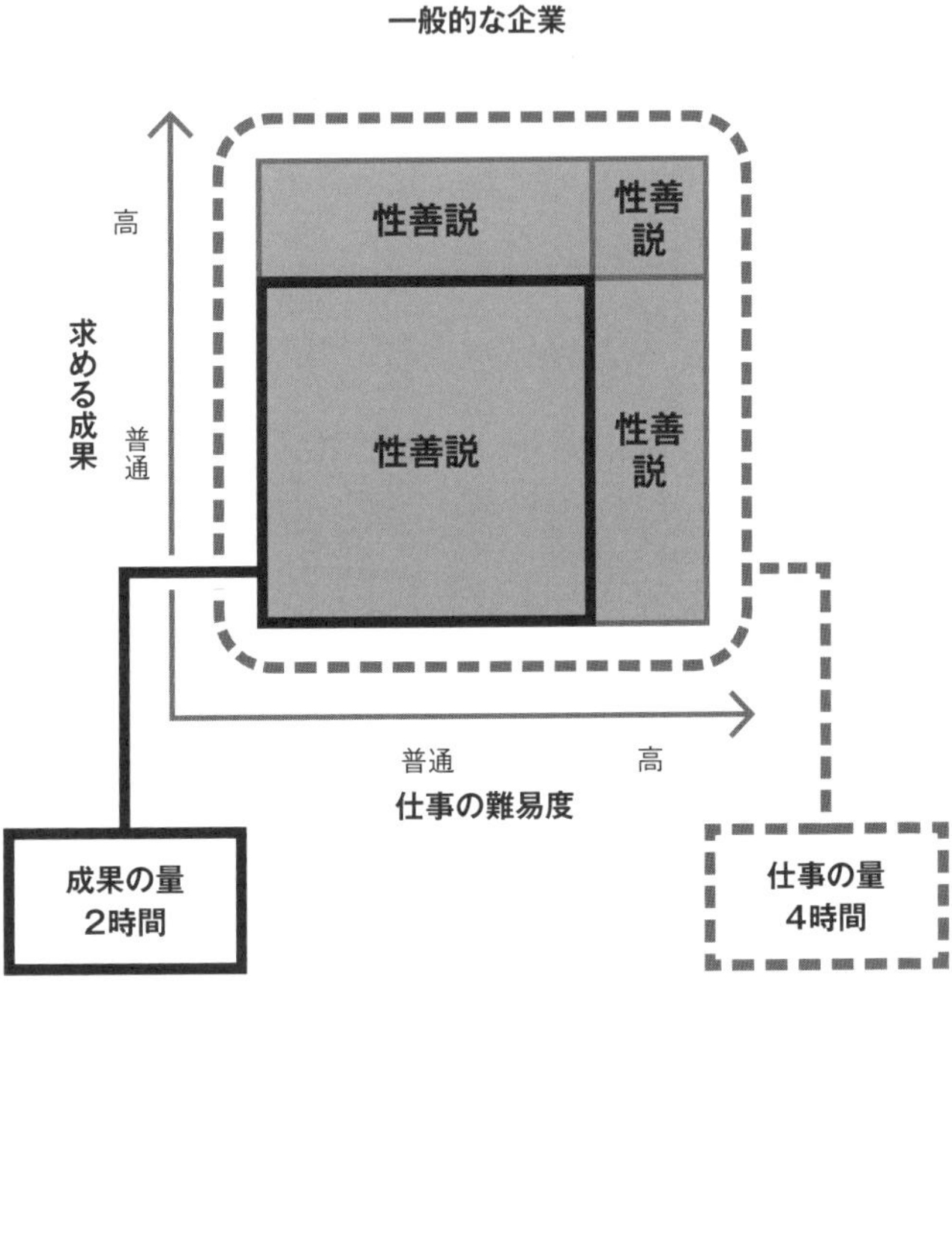

キーエンスは難しい仕事に性弱説で臨む

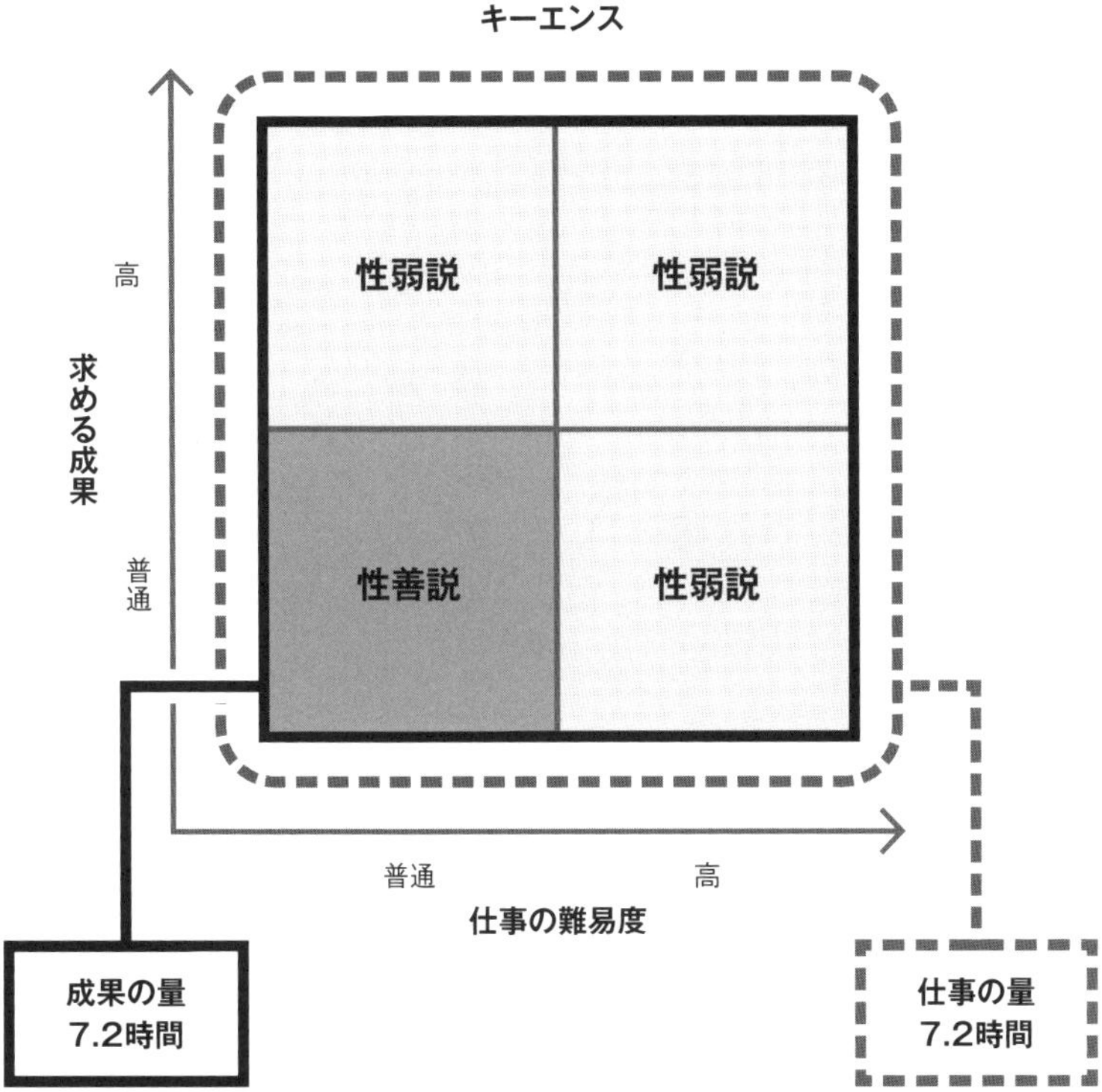

次に、「難度の高い仕事」が50％あるとします。仕事は難しくないけれど、高い成果が求められる仕事もあります。それらを性善説視点で任せているため、なかなか成果が出ません。結果として、成果が出るのは左下の「普通の仕事で普通の成果が出る」部分だけです。そうなると成果は、4時間のさらに半分の2時間分しかありません。

キーエンスのほうを見てみましょう。先ほどお伝えしたように、キーエンスは仕事の密度を常に社員に意識させているため、同じ8時間の業務時間を9割の密度で働けると仮定します。そうなると実業務時間は8時間×90％＝7・2時間となります。

加えて、右側の難度の高い仕事、上側の高い成果を求められる仕事についても、性弱説の視点で成果が出やすいように仕組み化しているため、成果を得られます。7・2時間分がまるまる成果になるのです。仮に難度の高い仕事の一部がうまくいかず、全体で得られた成果の量が6時間分にとどまったとしても、全体での成果の量が2時間にとどまる一般的な企業と比べると、3倍の成果が出ている計算になります。

1人が生み出す成果が毎日これだけ違うのです。これが年間勤務日数の数だけ、社員の数だけ増えるのです。これこそが、高収益を生み出し続ける企業の姿なのです。

キーエンスと不可分の言葉、「付加価値」

「世界発、業界初のような、他社が真似《まね》できない商品を開発する」
「顧客も気付いていない潜在ニーズを引き出して、的確なソリューション提案する」

これらは、確かに大きな付加価値を生み出しています。しかしながら、それを知っただけでは、読者の皆さんや、皆さんが属している企業が付加価値を増やすことはできません。皆さんにとって本当に価値があるところは、**「なぜそれができるのか」**というものです。仕組みを理解しなければ、自分に応用できません。

他社との違いをつぶさに分析してきたからこそ見つけられた、「キーエンスにおける性弱説の視点」こそ、皆さんが変化するために役立つソリューションだと考えています。これこそが、キーエンスの強さの本当の源であり、文化です。

いかがでしょう。読者の皆さんにとって役立ち度の高い提案ではないでしょうか。次章からは、個別具体的な仕組みを掘り下げ、性善説的な企業と性弱説的な企業との考え方の違い、それぞれの考え方から導かれる行動や結果の違いについて詳しく紹介していきます。ここまでの内容の応用編に当たる内容です。

第3章

性弱説視点で人を動かす

第3章からは、1章と2章で紹介したキーエンスの強さ、性弱説に基づいた考え方や視点の応用編です。いろいろなビジネスの場面を個別具体的に設定しながら、キーエンス的な性弱説的アプローチと、一般的な企業がやりがちな性善説的アプローチを比較して紹介していきます。

複数の具体的なケースにおける性弱説的な視点に触れることで、より多面的に理解してもらえればという狙いがあります。また、読者にとって、直接参考になる場面での仕組みや視点があれば、それをそっくりそのまま使うこともできるでしょう。

この中から1つでも2つでも、皆さんの仕事のやり方を変えるものが見つかることを祈っています。

KPIパラメーターの導入で一人一人の能力を引き出す

▼単に「やって」「成長して」と言っても人は動きません
▼人という生き物の特性を理解し、行動を促すのが性弱説です
▼「KPIパラメーター」と、それが機能する仕組みを解説します

「接客数が少ないので、全員でもっと接客数を増やそう」。ある街のコスメショップ（化粧品店）の店長が最初に掲げた売り上げ向上戦略です。しかし、この掛け声だけで本当に売り上げを伸ばすことは難しいでしょう。この店舗に所属する美容スタッフは4人。当然ながら、4人とも成績も得意分野も異なります。会話がうまく顧客の信頼を勝ち取れる人もいれば、まだ顧客への適切な商品選定・提案が苦手な人もいます。

このような状態でいたずらに接客数増加の号令を出しても、成果がついてくる可能性は低い。その時点での能力や適性に応じて、成果を上げる人もいれば空振りを増やす人もいるからです。

そうなると、各美容スタッフの長所を伸ばし、短所を改善する必要があります。まずいくつかのスキルを抽出し、各美容スタッフの現時点でのスキルの高さを可視化する必要があります。その際に店長が採用したのが「KPIパラメーター」という手法です。

KPIとはKey Performance Indicatorの略称で、重要業績評価指標と訳されます。「KPIパラメーター」は、業務において成果を出すために必要な要素を洗い出し、測定し、可視化した数値を指します。ゲームの登場人物が「攻撃力」「防御力」「体力」などの指標で能力が可視化されているのと同じです。人物ごとに得意不得意があり、また、レベルアップ（成長）すれば数値が高くなります。

逆に考えてみると、登場人物のパラメーターが分からないゲームでは、その人物が強いのか弱いのか、どう育てたらいいいか、どのような場面で活躍できるのかが正確につかめません。そのような状態では思うようにゲームが進められないのは、誰にでも分かるでしょう。抽出と可視化により、各個人がより高い成果を上げるための改善点が明確になり、課題に対して的を絞って取り組めます。

実は、この戦略はキーエンスの考え方がベースとなっています。それは「人はなかなか動いてくれない。それをどう克服するか」という「性弱説」に沿ったものです。「人は難しいことや新しいことを積極的には取り入れたがらない」「人は目先の簡単な方法を選んでしまいがちだ」。こういった前提の下に戦略を立て、仕組みをつくり、実践する。これが、キーエンス流の性弱説経営です。

これに基づくと、単に「売り上げを増やしなさい」と漠然と指示するだけでは効果がないと分かります。さらに、「いろいろと勉強して、先輩や上手な人のノウハウを学んで、カウンセリング力を強化しなさい」といくつか具体的な方法を指示したとしても、困難を伴う取り組みを示しただけではほとんど行動に移さず、成果にもつながらないだろうと想像できます。

そこで、業務上必要なスキルを可視化して、本人の長所と短所を明確にし、改善すべき内容を絞り込む。「難しい取り組みを簡単にできるようにする」ことで行動につなげるのが、性弱説に基づいた発想です。

まずは価値を見える化する

先ほどのコスメショップの事例に戻ります。これは中国地方の都市部にある実際の店舗です。この店舗は高級化粧品ブランドの再来店率（初めて来た顧客がもう1回来店する確率）が常時60％を超えており、同地方の中でも特に優れた成績の店舗です。

この店舗が性弱説に基づいたKPIパラメーター導入でまず取り掛かったのは、自店の提供価値の整理でした。提供価値とは、商品やサービスを通じて顧客に提供する価値を指し、「この価値があるから顧客は私たちの店に来店し、商品を購入してくれる」といえるものです。

この店舗の最大の特長は、高度なカウンセリングによって、顧客に適した化粧品を選んで提供する点にあります。ネット通販が当たり前となっている化粧品販売において、店舗で接客して販売する価値はどこにあるのか。最終的に、対面でしかできない「顧客の肌を触るカウンセリングによる提供価値」に行き着きました。

提供価値を見定めた後は、顧客に対して実施すべきアクションを検討します。前の段落の「顧客の肌を触るカウンセリング」の分解です。ネットショップとの最大の違いであり、強みでもある「肌を診断する」「肌を触る」ことを中心に、注力すべきアクションを6つ抽出しました。「肌診断」「提案」「ハンドタッチ」「フェイスタッチ」「メイクタッチ」「サンプリング」の6つです。

続いて店長が各美容スタッフと面談し、6項目の中からまずは2項目を選んで実践するように指示をします。実践方法は、112ページの図のようにバーコードを自作し、それぞれのアクションを実施した際に自分でバーコードを読み、1カ月間の数値を集計しました。その結果が113ページの「2022年5月」の表です。

ベテランのAさんは「フェイスタッチ」「メイクタッチ」のアクションを重視。Bさん、Cさん、Dさんは「肌診断」「フェイスタッチ」を選びました。数字を具体的に見ると、Aさんは「フェイスタッチ」14回、「メイクタッチ」5回。Bさんは「肌診断」12回、「フェイスタッチ」1回。Cさんはそれぞれ13回と18回、新人のDさんは5回、11回でした。

例えば、フェイスタッチをしようとすると、顧客が持っているいくつもの情報の中で、特にフェイス（顔）周りの問題を聞き出す必要があります。これを実行できるかどうかがフェイスタッチのスキルとなって可視化されます。

KPIパラメーター作成のために自作したバーコードのイメージ

③肌診断	2 100000 000003
④提案	2 100000 000004
⑤ハンドタッチ	2 100000 000005
⑥フェイスタッチ	2 100000 000006
⑦メイクタッチ	2 100000 000007
⑧サンプリング	2 100000 000008

このように、出てきた数値を「スキルの高さ（パラメーター）」として捉えることで、それぞれの改善点を明確にできるのです。

例えばBさんは、フェイスタッチの回数が1回と極端に少ない。話を聞くと本人に苦手意識があり、うまくフェイスタッチに持ち込めなかったことが原因でした。また、11回だったDさんは、フェイスタッチ実施に至る過程のテクニックがつかめていませんでした。数値が低いことは共通していても、原因と対処法が同じとは限りません。それを明らかにするためにも、スキルの抽出と数値化がまず必要なのです。

このように、店長がそれぞれと面談し、長所を褒め、問題点と原因（なぜできないか、何がネックになっているか、どうすれば良くなるか）

KPIパラメーターでスキルを見える化

2022年5月

担当	❶肌診断	❹フェイスタッチ	❺メイクタッチ
A		14	5
B	12	1	
C	13	18	
D	5	11	
平均	10.0	11.0	5.0

仕組みによって
行動が変化する

⇓

2022年11月

担当	❶肌診断	❹フェイスタッチ	❺メイクタッチ
A		18	12
B	56	36	
C	16	20	
D	89	204	
平均	53.7	69.5	12.0

店長と各美容スタッフの面談

◆できているところを褒める
◆できていないところの要因を分析
◆改善手法（どうやればよくなるのか）を共有

を分析して改善活動を実施しました。その結果が図の下側「２０２２年11月」の表です。

わずか半年で、Ｂさんのフェイスタッチ回数は１回から36回へと大幅に増加。これは、店長の指導の下、肌診断からフェイスタッチにつなげる成功パターンを習得した結果です。そのため、肌診断件数も同時に増えています。同様にＤさんについても、技術的な指導を受けることで、肌診断からフェイスタッチへの流れがスムーズになりました。

ＫＰＩパラメーターはこのような順序で機能するのです。

数を絞り、本人が選ぶ

「数を絞り、本人に選んでもらう」点も大切。経営者としては同時に多くのスキルを伸ばしてほしいのですが、今回のケースで６つのスキルをすべて伸ばすように経営者から一方的に課しても、今回のような成果は得られません。高過ぎるハードルを前にしたらほとんどの人はやる気をなくし、行動そのものをやめてしまいます。

だからこそ２つに絞り、その２つを本人に選んでもらうのです。店長に指定されるより自分で選ぶほうが「自分事」として捉える意識が高まり、努力や工夫につながりやすいでしょう。2つで成功したら、その成功体験によって困難に感じる気持ちは小さくなり、残り4つに対しても前向きになります。
「人は弱い生き物である」という性弱説に基づいてやるべきことを見える化し、実践できる状態まで落とし込むことで、難しい課題もこなせるようになったのです。

ポイント

◆ＫＰＩなどの数値で上司と担当者が目標を共有する
◆押しつけではなく、現場目線で項目や数値を定める
◆全部ではなく、やりたいものから選んでもらう

経営理念を浸透させ
成果につなげる仕組み

▼経営理念を明確にすることは、とても大切です
▼しかし、経営理念を朝礼で唱和したり、掲示したりしても浸透しません
▼定量的な数値に落とし込めるかが浸透のカギになります

社員が仕事の中で何かを考えたり行動したりする際、経営理念は重要です。個々の社員がどういった考えの下、どういう方向に動くべきかのガイドラインになるものだからです。それを知っているからこそ、多くの企業が経営理念を浸透させるために、様々な工夫をしています。

例えば、「シュレッダー作業」という一般的な作業をどう実施するかを判断する際にも、経営理念は効いてきます。

生産性を重視するような企業であれば、こういった作業は社員にできるだけしてほしくありません。付加価値を生む作業ではないからです。しかし、セキュリティーの観点からは重要な作業であり、機密書類はきちんと処理しなければなりません。つまり、自分たちでやるか、外注するか、という問題です。

ペーパーレス化が進めばシュレッダー作業自体が減り、以前よりも短い時間で終わるようになります。そうすると「ついでに自分でやってしまえばいい」と考えてしまう人が増えます。それは正しいのでしょうか。

こういった判断をするときに経営理念がガイドラインとなります。自社の社員にどう振る舞ってほしいかを示すものだからです。

しかしながら、経営理念を浸透させるのはなかなか大変です。唱和したり、見えるところに張り出したり、各社が様々な工夫をしています。それでも、「社員一人ひとりの行動に反映させる」までしっかりと浸透させる難度は高い。今回は、この「経営理念を浸透させる」活動について、性善説とキーエンス流の性弱説の観点から見ていきましょう。

「最小の資本と人で最大の付加価値を上げる」

これは、キーエンスの経営理念の1つです。キーエンスの高収益は、この理念が社員に深く浸透しているからといっても過言ではありません。内容だけを見ると、似たような理念を持っている企業は多いでしょう。「経営効率を高める」「生産性を最大化する」といった文言が使われた経営理念や経営方針などをよく見かけます。

これらの企業とキーエンスの本質的な違いは、文言にはありません。それは「浸透のさせ方」にあるのです。一般的な企業は性善説に立って浸透させようとしています。その一方でキーエンスは、性弱説に基づいて浸透させようとしているのです。

経営理念を浸透させる方法はたくさんあります。朝礼で唱和したり、クレドを作成したりします。クレドとは、「企業の経営理念を社員が体現するための行動指針」です。これを作成し、メモや手帳などに記載して見える化。定期的に社員同士で読み合わせる企業もあります。

こうした取り組みは性善説に基づいています。「経営理念を唱和したり、クレドなどを使って見える化したりすれば、社員はそれを理解し実践する」という考え方です。

残念ながら、これだけではなかなか浸透しないのが実態です。また、「浸透具合」にも個々人で差が出てきます。具体的に「浸透具合」を言語化してみると、次の3段階があります。

❶内容を理解して行動に移し、成果につながる
❷内容を理解して行動に移すが、成果につながらない
❸内容を理解しているが、行動に移せないか、それほど移していない

このように、「行動に移せるか」「成果につなげられるか」といった形で差が表れます。これらを性善説に基づいた方法で見える化して、個別に浸透具合を引き上げることは難しい。そのため、浸透具合も本人任せとなります。

ここで先ほどの「生産性を最大化する」という経営理念をどう浸透させるか考えてみましょう。社員Aさんは毎日、朝礼時にこの経営理念を唱和します。ある日上司Bさんから「余った時間に機密書類をシュレッダー処理するように」と指示されました。作業量自体は少なく、上司の指示通り、時間が余ればシュレッダー処理をしています。

上司Bさんの考え方はこうです。

「生産性を最大化させるため、外注費などの経費は削減すべきだ。だから外注によるセキュリティーボックスの設置より、自分たちが余った時間でやるほうがいい。また、セキュリティー対策の重要性を意識づける点からも、シュレッダー処理をAさんにさせたい」

さて、この上司Bさんと社員Aさんの行動は「生産性を最大化する」という経営理念に基づいた行動でしょうか。2つの視点から考えてみましょう。

❶余った時間を使うことは生産性の向上につながるのか

❷余った時間を使うとはいえ、シュレッダー作業は生産性の向上につながるのか

余っている時間に他の作業をするという前者の視点は一見すると、経営理念に沿った行動と捉えられます。ただしよく考えてみると、「成果につながっているか」という点で疑問が出てきます。この疑問の背景にあるのは、「時間が余っているからといって、シュレッダー作業のような誰にでもできる仕事をAさんがやるべきか」というものです。一度、定量化してみましょう。

Aさんの人件費が月30万円だとします。月に20日出勤、1日8時間の勤務だとすると月間勤務時間は160時間となります。30万円を160時間で割って求められる時給は1875円です。

つまり、「成果につながったかどうか」は、この1875円と比べて価値のある仕事をしているかという形で可視化できます。

Aさんの本来の仕事が営業支援業務だとしましょう。他の社員の見積書を作ったり提案書を見直したりと、1時間当たり1875円を超える価値を生み出しそうな仕事は他にも多くありそうです。つまりこのケースは、先ほど述べた「浸透具合」で見てみると、「内容を理解して行動に移すが、成果につながらない」ケースに該当します。

なぜこういった行動をしてしまうのでしょうか。答えは簡単です。浸透方法が性善説に基づいていて、具体的な行動で判断する仕組みがないからです。

経営理念に「生産性を最大化する」と書き、毎日復唱していると、社員が自ら考えて行動し成果を出してくれる。このような経営者の性善説的姿勢が、「考えて行動はしたが、成果が出ない」ケースを生み出しているのです。

キーエンスが採用する「時間チャージ」の中身

では、キーエンスが採用している「性弱説」に立つと、どのように浸透させるのでしょうか。キーエンスでは「時間チャージ」と呼ばれる仕組みを採用しています。これは、先ほどのAさんの時給1875円と仕事の付加価値とを比較する考え方とほぼ同じです。

それぞれの社員の能力を反映した職能資格等級ごとに、例えば5等級2万円、6等級3万円というように、1人が1時間に生み出すべき価値を数字で示しています。何か仕事をするたびに、自身の時間チャージと比較して「これは時間チャージを超えている仕事か」を簡単に判断できるようにするのが狙いです。

先ほどのシュレッダー作業の場合、仮に機密書類溶解処理サービス（セキュリティーボックスの設置と回収）の価格が1箱1500円だったとしましょう。Aさんのシュレッダー作業の分量が1回20分、処理量は1箱の10分の1です。

時間チャージはAさんの時給1875円の3分の1（20分）だから625円となります。対して外注する費用は1500円の10分の1なので150円です。この金額差を覆すだけの特別な事情がない限り、機密書類処理は外注すべきだという判断になります。

シュレッダーの事例は分かりやすいほうで、次のような事例になると判断が難しくなります。「本業を外注すべきか」を見極める必要があるケースです。

カタログデザイナーのCさんには、新商品のカタログをデザインする仕事があります。Cさんの時間チャージは2万円で、デザインにかかる時間は20時間と見積もっています。この仕事を外注した際の見積もりは20万円でした。

このケースの場合、外注すべきかどうかの判断はシュレッダーのときより割れるでしょう。一般的な企業では「Cさん本来の仕事だからCさんがやるべきで、外注に20万円も使うべきではない」と考える人が多いのではないでしょうか。Cさんはデザイナーだから、デザインの仕事をするのは当然だという考えです。

ところがキーエンスでは、こういった場面で外注に出すケースが多い。時間チャージ2万円のCさんが20時間で生み出すべき価値は40万円となり、外注に出す場合の20万円よりも高くなるからです。

判断を迷わないようにするために時間チャージを定め、仕事にかかる時間を見積もり、内製か外注かを判断させるのが性弱説的なアプローチの1つです。もちろん、デザインの質という観点や、一刻も早くカタログを完成させる必要がある場合など、Cさんがやったほうがいいと判断するケースもあります。そういうケースでも、金額を把握した上で、「時間チャージを検討しても、別の理由から内製すべきだ」と判断して進めるのがキーエンスのやり方です。

付加価値を生む強い覚悟

これを読んで疑問を持つ読者もいるでしょう。「こんなことをしていると、いくらお金があっても足りない」と。Cさんの本来の仕事を、外のデザイナーに依頼してやってもらうわけだから、そう考えてしまうのも無理はないでしょう。しかしながら、この考え方こそ、キーエンスが高収益を生み出し続けるために必要なものなのです。

キーエンスは、1人が1時間に3万円の付加価値額（粗利益）を生み出す集団である

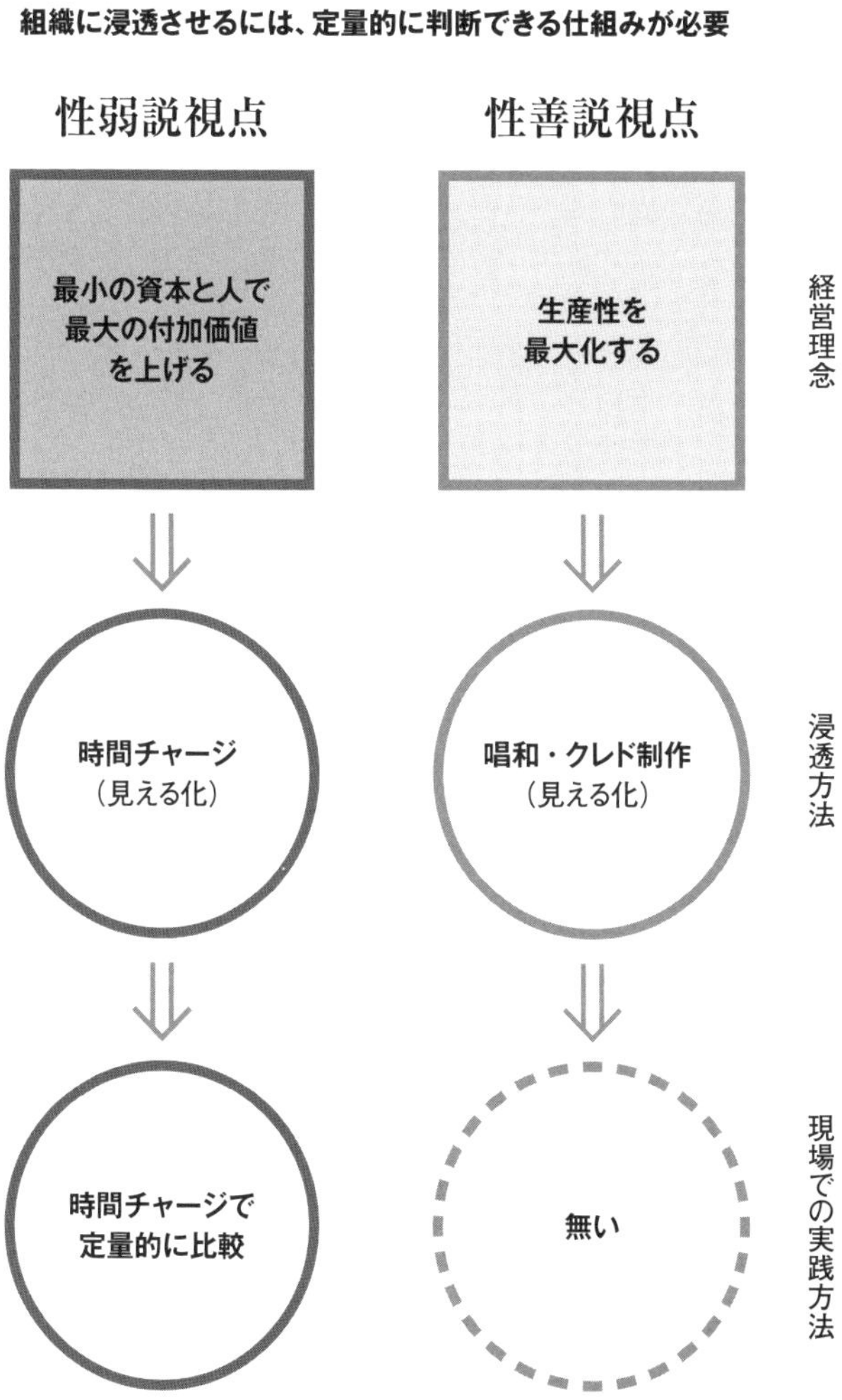
組織に浸透させるには、定量的に判断できる仕組みが必要
性弱説視点
性善説視点
最小の資本と人で最大の付加価値を上げる
生産性を最大化する
経営理念
時間チャージ（見える化）
唱和・クレド制作（見える化）
浸透方法
時間チャージで定量的に比較
無い
現場での実践方法

ことは前にも書いています。この水準を維持し続けるための活動の1つが、時間チャージによる一つひとつの行動の生産性の吟味です。

粗利益とは売り上げから売上原価（製造原価）を引いたものであり、企業が生み出した価値そのもの。このような集団だから、「1時間に3万円の価値を生み出せる人は20時間あれば60万円の価値を生み出せる」「外注して20万円で済む仕事の価値は20万円」と考え、60万円の価値を生み出せる人材に20万円分の仕事をさせず、外注するのです。

こうした考え方を徹底し、キーエンスは高収益を実現します。そして、高収益企業だからこそ多くの仕事を外注でき、社員はより高付加価値の仕事に専念できるのです。

時間チャージの活用は外注の判断だけではありません。会議を行う際に、参加者の時間チャージをすべて計算し、会議で生み出さなければならない付加価値額を見える化する取り組みもあります。そうするだけで、関係者全員に声をかけるのではなく、本当に呼ぶ必要がある人だけを呼ぶようになり、会議の生産性が高まります。

企画書を作成する際にも作成時間を記入させ、時間チャージを意識させます。営業日報を1分単位で記入させるのも同じ狙いです。時間チャージ3万円の社員の場合、1分単価が500円になると意識させるのです。このように、時間チャージを使う場面が至る所にあり、その実践を通じておのずと社員が生産性を気にして働くようになります。

労働生産性や人時生産性などと定義や呼び名は違っても、「生産性を可視化する仕組み」は多くの企業にあります。定義や呼び名の違いは重要ではありません。それらを社員に浸透させ、成果につなげられるかどうかは、社員が容易に判断し、実践できる仕組みを導入しているかどうかにこそあるからです。

ポイント

◆**経営理念は唱和、見える化だけでは浸透しにくい**
◆**浸透には定量的な判断につながるための仕組みが必要**
◆**仕組みを通じて、社員が自然と付加価値を意識する**

上司と部下のすれ違いを防ぐ性弱説視点の「報連相」

▼失敗したと報告を受けても、上司としては後の祭り
▼「何で○○しないのか」と怒られても、部下目線では「先に言ってよ」です
▼こうしたすれ違いを起こさないための仕組みを解説します

「どうして顧客の予算状況を聞いてこないのか」

これは報連相の場面で、営業担当者に対して上司が発した言葉です。報連相は営業部門だけではなく様々な部門で実施されます。ＯＪＴ（職場内訓練）の観点から、この活動をうまく教育に生かしたい企業は多いでしょう。

しかしながら、ほとんどの企業はここでも性善説の視点に基づいて活動し、教育機会としてうまく生かせていません。

ここでは、性弱説の視点に立った報連相による社員教育について紹介します。

まずは冒頭の場面を整理してみましょう。営業担当者のAさんは、新商品の商談のためにX社を訪問しました。そこでは、X社における新商品の具体的な使い方、そこで求める仕様（新商品がX社の環境に当てはまるかどうかの確認）、使用予定個数、使用開始時期について打ち合わせをしました。自社の新商品が本当に使えるかどうかなど、かなり込み入った打ち合わせとなり、Aさんは「予算状況」について顧客に確認せずに帰ってきました。

帰社後、上長にX社との商談状況を報告。そこで出てきた上長の言葉が冒頭のものでした。予算状況とは、「新商品を買うためにX社が既に予算を確保しているかどうか」という情報です。もしX社が予算を確保できていないと、いくら商談担当者が購入予定個数や使用開始時期について述べても、その通りにいかない可能性が出てきます。

Aさんは、自社の新商品がX社の現場で使えるかどうか分からないので、まずその確認を優先しています。予算状況について気にはなっていたものの、自分の営業成績は比較的順調であるため優先順位はそこまで高くなく、商談の具体化に集中。その結果、優先順位が低かった予算状況の確認まで面談時間内に手が回りませんでした。

一方の上長は、自分が管轄する部門の数字が芳しくないため、X社への販売の実現時期が最大の関心事でした。もちろん、案件の具体化は販売の前提です。しかしAさんに対して、「今まで幾度となく予算状況を聞くように指導している。また、自部門の数字が厳しい状況だと分かっているはずなので、ちゃんと聞いてくるだろう」というように、性善説に基づいて期待していました。

Aさん自体は予算状況の確認をしなかったものの、商談を具体化するという最も重要な仕事をきちんとこなしました。にもかかわらず「何で聞いてこないのか」と叱られたのです。Aさんにとってみれば、「上長にとって販売時期がそんなに大事なら、あらかじめ言ってくれればいいのに」と感じるのが自然です。Aさんは、せっかく商談がうまく進んだのに叱られたことに対し、大いに不満を感じていました。

筆者はコンサルタントとして、このような報連相のすれ違いを指導先で数多く見てきました。「これではなかなか社員は成長しないだろう」「そんなに大事なら、なぜ上長は事前にAさんに伝えないのか」と、こういった場面に遭遇するたびに考えさせられました。

3つの制約に備える「事前事後報告」

というのも、私がキーエンスに在籍していたときには、こういったすれ違いはほとんどありませんでした。なぜなら、キーエンスにおける営業の報連相は、「事前事後報告」が基本だからです。重要な情報は、上長が担当者に対して、事前にしっかりと聞いてくるように指示をします。

従って、こういったすれ違いが非常に起こりにくい環境です。もし上司が直前に具体的に指示した内容を聞き忘れた場合、担当者は「自分がミスをした」とはっきり認識できます。もし上司が事前に指示していないのであれば、それを聞いていないことで叱責されることはありません。

なぜキーエンスは「事前事後報告」を推進するのでしょうか。それは「性弱説の視点」に基づいて報連相を分析しているからに他なりません。性弱説視点で顧客との面談を分析すると、「3つの制約があるため、うまくいかない可能性がある」という前提に立つことになります。3つの制約とは、「時間の制約」「スキルの制約」「コミュニケーションの流れによる制約」です。

1つ目の「時間の制約」とは、面談時間には限りがあり、そこで聞ける情報量には限界があるという当たり前の考えです。読者の中にも、「聞きたいことがたくさんあるのに時間切れで聞けなかった」という経験をしたことがある人は多いでしょう。

2つ目の「スキルの制約」は文字通り、顧客から重要な情報を収集してくるスキルを担当者が持っているかどうかという問題です。「経験の浅い担当者が自社商品の説明に終始し、顧客の情報を収集できなかった」というケースが典型例。「簡潔な説明ができない」「顧客にうまくヒアリングできない」など、いくつかのパターンが考えられます。

最後は「コミュニケーションの流れによる制約」です。担当者のスキルが十分であり、かつ事前に時間配分や面談の展開を組み立てていたとしても、面談がその通り進むとは限りません。「途中で話が脱線し時間を使ってしまった」「突然相手の上長が現れて、あいさつなどをしているうちに時間がなくなってしまった」というようなケースです。

このような制約がある中で、自社にとって重要な情報を収集する確率を高めるためには、「本人の自主的な努力や工夫に期待するだけではうまくいかないかもしれない」という視点が必要で、それこそが性弱説の考え方なのです。

ここまで説明すれば、冒頭のような「事後報告」だけではなく、事前に指導する「事前報告」の必要性が分かるでしょう。面談前に様々な状況を想定し準備することが、面談の精度を高め、上司と現場のすれ違いを減らすのです。

「事後報告」と「事前事後報告」について整理した、135ページの図を見てください。右側は、一般的な企業で比較的よく行われている性善説視点の「事後報告」。左側は、キーエンスで行われている性弱説視点の「事前事後報告」のイメージを示しています。

まずは、右側の事後報告のパターンです。事後報告とは文字通り、面談の後に報連相をし、結果の確認や指導をするパターンです。

このパターンは面談が終わってから確認・指導するため、結果的に「後の祭り」となるケースが出てきます。冒頭の事例でも、上長にとって本当に重要な情報が予算状況だと決まっていたなら、あらかじめAさんに聞いてくるように指導しておくべきでした。

加えて注意すべきは、Aさんのモチベーション低下です。きっちりと仕事をして帰ったにもかかわらず、上長との認識のすれ違いにより叱られる結果となりました。このようなケースでは、モチベーションや上司への信頼度が大きく低下します。

教育という観点からも問題が残ります。本来であればAさんのヒアリング内容は称賛すべき出来です。上司が褒めることで当事者は自分の行動を正当化し、成長へとつなげるところです。にもかかわらず叱ってしまうと、本人にとって見れば、何が良くて何が悪いのかが分からなくなってしまいます。

もう1点、面談の機会損失という面からも問題があります。面談機会というのは無限にあるわけではないのです。限られたチャンスで結果を出さなければ顧客が不満を覚えたり、競合に出し抜かれたりして面談の機会を失います。コロナ禍以降、面談機会の創出がそれまで以上に難しくなっている点からも、この視点の重要性は増しています。

このように、直接的な商談としての機会に加え、部下の教育やモチベーション管理という観点からも、事後面談だけでは問題が多いのです。

「事前報告」では何をするのか

次に、図の左段「性弱説視点の『事前事後報告』」を見てみましょう。面談の前に報連相をする場を設ける方式です。

事前事後報告の導入で面談の質が向上する

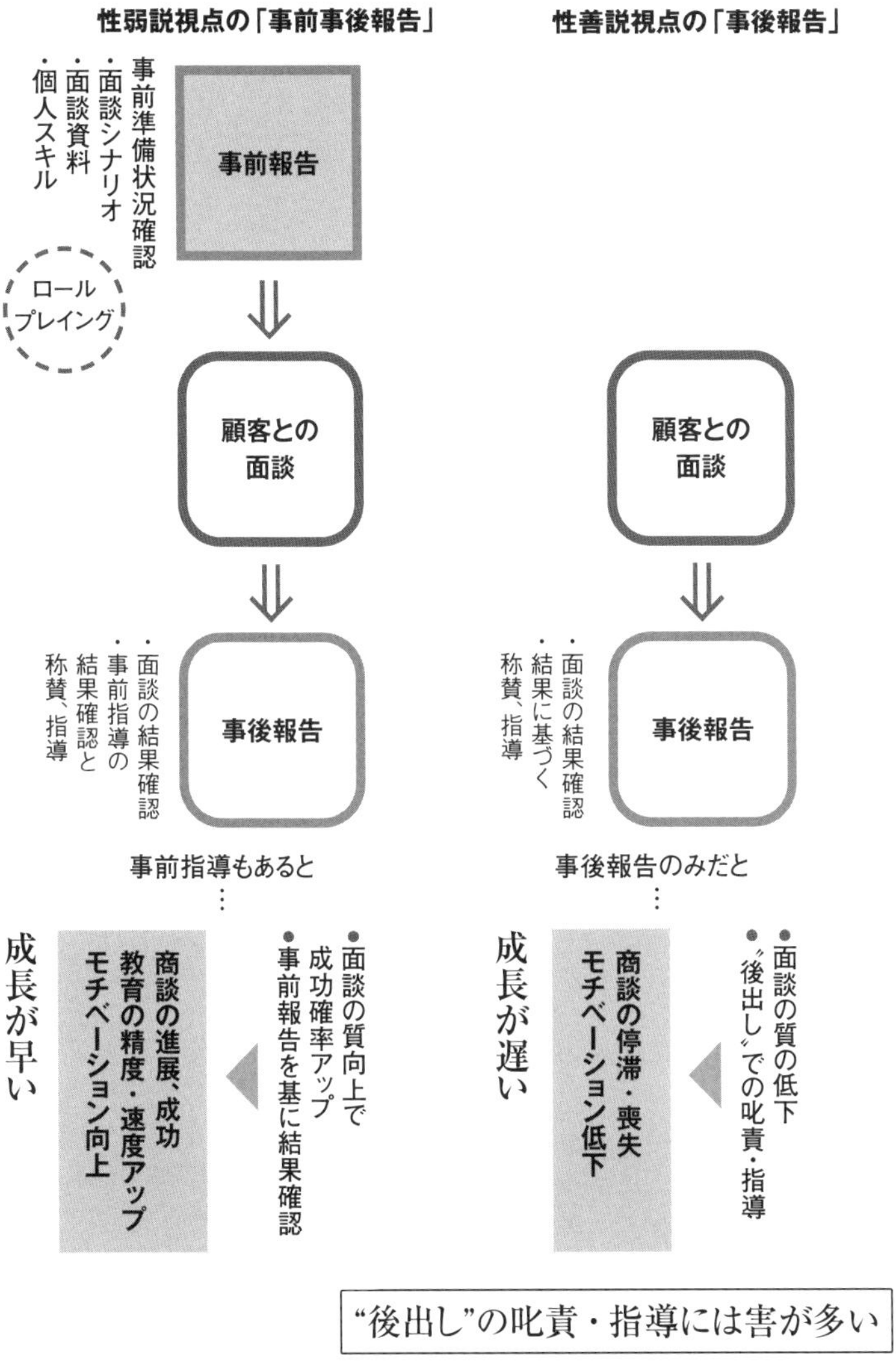

事前報告で何をするかといえば、「事前準備状況」の確認が中心です。事前準備状況を細分すると、「面談シナリオ」「面談資料」「個人スキル」の確認となります。要は、「どんなシナリオを想定して、どんな資料を用意して、どういった個人スキルで臨むつもりか」の確認です。

面談シナリオについては、制約の1つ目「時間の制約」、3つ目「コミュニケーションの流れによる制約」を考える必要があります。「話が脱線して時間が足りなくなっても、最低限この内容は持って帰ろう」というように、面談のゴールを意識して確認します。

資料については、シナリオに対してどういった準備をしているか、という目線で確かめます。必要な資料はその準備状況とクオリティーを確認。もし準備が遅かったり内容が不十分だったりする場合には、面談までに準備・修正させることができます。事後報告で資料の質の低さに気付いたとしても、既に面談は終わっていますよね。

そして、最後は「個人スキル」の確認です。仮にシナリオと資料が妥当なものだったとしても、それらを正しく活用できるかは本人のスキルにかかっています。

ここで役に立つのがロールプレイングです。商品・サービスの説明が必要な面談であれば、実際に顧客へ説明する場面のロールプレイングを実施。何らかのヒアリングが主体ならばヒアリングの練習をする。これにより、本人のスキルを確認するとともに、必要に応じて指導が可能となります。

ちなみにキーエンスで有名なロールプレイングは、相当に高い頻度で実施されます。そしてほとんどの場合、事前報告の場が舞台です。

このように、事前報告には面談のクオリティーを向上させるという点において、非常に大きな役割があります。そして、事後報告と組み合わせることでさらに大きな効果を得られます。先ほどの図の左下を見てください。事前事後報告を実施すると、事前に指導した項目を事後報告の場で確認し、できたものは称賛し、できなかったものは改めて指導するという、メリハリのついた教育ができます。

冒頭の事例でも、仮に上長が事前に一言でも指導しておけば、事後に叱られた際、指導・指示を実践しなかった自分のミスだとAさんが自覚できます。その自覚が、自己改善への動機付けとなり、成長へとつながるのです。

事後報告だけだと失敗した場合に、「何でやらなかったのか」「なぜできないのか」という、「結果への指導」となります。場合によっては結果責任を上司が追及しているだけにすぎません。何をやってくるべきか、何が苦手でどこを改善すべきか、どういった資料を準備すべきかなどを事前に指導してこそ、その結果に対して的確な指導ができるようになり、指導された側も納得感を持って受け止められるのです。

納得感がないと改善意欲は発生しません。「また叱られている」という感覚に陥るだけです。それを繰り返されると、報連相の場は部下の成長機会どころか、モチベーションを低下させる場になってしまいます。

ここまで見てくると、「そこまでやる必要があるのか」と疑問を持つ読者がいるかもしれません。「事後報告だけで十分間に合っている」「いちいち事前報告までしていては、いくら時間があっても足りない」「そこまですると逆に効率が悪いのではないか」などと感じるのも不思議ではありません。

しかしながら、1分単位で時間や効率を意識しているキーエンスは、ほぼ毎日のように時間を取ってこれらを実践しています。その結果が圧倒的な収益性です。何より、キーエンスの新入社員の成長速度は早く、入社半年で一線に投入できる状態になり、3年もすれば超ベテランと肩を並べるエース級社員が登場します。

これはキーエンスが、「自身の努力や創意工夫でできるだろうからやらなくても大丈夫」という性善説視点ではなく、「様々な制約や理由でできないかもしれない」という性弱説視点に立ち、事前事後報告の仕組みをつくり上げ、運用し続けているからです。効率をとことん追求する企業が、事前事後報告にひたすら時間をかけている。この事実こそ、事前事後報告の有効性を示していると、筆者は考えています。

ポイント

- ◆事後報告だけでは、「後の祭り」になりがち
- ◆事前報告の導入ですれ違いを防ぎ、精度を高める
- ◆事前事後報告は成長を体感させ、成長を早める

担当者の謝罪で終わらず失敗の本当の要因を探す

▼会議で担当者が謝罪する光景はありふれたものです
▼ただ、謝罪をしたら失敗しなくなるのか、というと話は別です
▼性弱説視点に基づいた会議運営の方法を詳しく解説します

「私の努力が足りませんでした。申し訳ありません」

ある毎月の定例販売会議での担当者Cさんの言葉です。Cさんは先月の予算が達成率87％で未達成でした。しかも予算だけではなく、先月実施した「休眠顧客開拓施策」

も進捗度50%と大幅に遅れていました。そこでCさんは、自分の発表順になって謝罪しました。このような光景は販売会議のみならず、あらゆる会議で見られるごく自然なものでしょう。しかしながらこれは、性善説の視点に立った光景です。「努力不足を謝罪すると、次は失敗しない。少なくとも全力で創意工夫をするだろう」という前提に立っているからです。

性弱説の視点に立つキーエンスではこのようなアプローチはしません。では、どこがどのように違うのか、詳しく見ていきましょう。

謝罪ではなく真因を求める

まずは状況を整理します。予算達成率87%とは、年度開始時に立てた予算に対して、先月のCさんの売上実績が届かなかったという意味になります。販売担当者にとって、立てた予算の達成は企業に対しての責任であり、最重要のミッションです。

では、なぜ未達成になってしまったのでしょうか。それにはいくつかの要因がありました。一つは、獲得できると予定していた大口案件が、客先の決裁遅れによって獲得できなかったことによります。もう一つは、比較的大きな案件で、購入してくれる見込みだったX社が購入してくれなかったことです。この2つが大きな要因となっています。どちらも客先都合の要因とはいえ、一般的な販売会議では、言い訳できない内容でしょう。だからCさんは、謝罪をしました。

しかしながら、次の点についてよくよく考えないといけません。それは、「謝罪したら、次は同じ失敗をしないのか」という点です。筆者は多くの企業で販売系の会議を見てきました。その中には、謝罪だけで済んでいる会議が珍しくありません。その度に、「謝罪だけでは次も同じ失敗をする可能性がありますよ」とその企業の経営者や部門長にアドバイスをしてきました。しかしほとんどの場合、「謝罪をするならば、本人も反省しているだろうから、次は同じ失敗はしないでしょう」という安易な性善説に基づいて、具体的な対策をしないままでした。これは、コンサルタントとしての私の説得力不足でもあるのですが、このような考え方の経営者・部門長に翻意してもらうのは難しい。

では、再発防止のためにはどのような視点で予算未達を見るべきなのでしょうか。まず考えるべきは、「なぜ獲得できなかったのか」という原因分析です。

今回の場合、1つ目が決裁遅れで、2つ目は購入自体が取りやめになりました。2つとも客先要因ではありますが、決裁遅れの兆候をつかむなり、購入意思の確認精度を上げるなり、やれることはあったはずです。兆候を早めにつかめば、追加のアプローチをする、別の顧客への営業活動を増やすといった選択肢を採る時間が得られます。

例えば前者の決裁遅れについては、客先の決裁システムについて相手担当者に少しでも聞いていれば、もっと早く把握できた可能性があります。後者についてはそもそも、「自社商品を購入してもらうと顧客にどれだけメリットがあるのか」という、客先にとっての費用対効果をしっかりと捉えていれば、見込み違いを回避できた可能性があるのです。

つまり、「決裁システム」「費用対効果」といった、商品販売を左右するメカニズムの解明ができていなかった点が真の要因です。そこを置き去りにしたまま、「謝罪すれば本人も反省するだろう」というアプローチでは、次も失敗する可能性が多分にあります。

販売担当者Cさんに対しては、「商品販売をメカニズムで捉えるスキルが不足しているため、それを指摘・改善しないと次もまた失敗する可能性がある」という、性弱説の視点によるアプローチが必要です。

「休眠顧客開拓施策」の進捗度50％についても同様です。「Cさんの努力が足らなかったから、この施策の進捗度が悪い」で終わらせていると、いつまでたってもCさんは成長しません。そして、そもそもこの施策の内容自体も、メカニズムで捉える視点が欠けています。

「休眠顧客開拓施策」とは、「過去には買ってくれていたが、何らかの理由で買ってくれなくなった顧客に再度アプローチして販売につなげる」というもの。該当する顧客をリストアップし、そこにアプローチしていきます。営業職の読者の方は、経験があるのではないでしょうか。

Cさんの場合、リストアップした顧客は20件でした。しかし他の業務が忙しく、実際に面談できたのは10社だけ。それで進捗度50%となりました。

施策そのものが有効なのかも分析対象

この施策は、販売系の企業ではよく使われる手法ですが、性弱説視点で見ると2つの疑問があります。1つは、「買わなくなった顧客は何らかの要因でそうなったので、単にアプローチしただけで買ってくれる可能性は低いのではないか」というもの。つまり、買わなくなった要因(因果・メカニズム)を分析せずにリスト化しても、そもそもリストとしての価値が低いのではないか、という疑問です。

そしてもう1つは、「面談件数を達成したら、休眠顧客施策は成功なのか」というもの。Cさんの例では、目標件数が20件で面談件数が10件でした。仮に20件面談できたとすると、この施策の進捗度100％として褒められるべきなのでしょうか。「面談できたからといって、売り上げにつながるとは限らない。従って、面談件数以外の指標も追いかけるべきだ」という、評価指標の妥当性を疑う視点です。

つまり、「休眠顧客開拓施策」の成否の基準、そして成功させるためのメカニズムが何なのかという分析が不足しています。買ってくれなくなった要因の聞き出しは必要でしょう。競合企業の商品に置き換えた可能性もあるでしょうし、単純に使わなくなったのかもしれません。買わなくなったメカニズムを解明せずただ面談するだけでは、売り上げにつながる確率は高まりません。

このように、この施策には「因果とメカニズムを解明し、対策をした上でアプローチする」という視点が抜けているのです。「面談件数さえ設定すれば、現場がいろいろと努力して成約につながるよう創意工夫するに違いない。会うだけでは売り上げにならないなんて誰でも分かるのだから」という、安易な性善説の視点に立っています。

キーエンスは会議運営でも、もちろん性弱説視点です。149ページの図を見てください。これは会議運営における性善説と性弱説のアプローチの違いを示したものです。上から、「中身の妥当性」「進捗確認」「会議の内容」。そして、左側が性善説、右側は性弱説です。

まず、一番上の「中身の妥当性」を見てみましょう。これは「因果・メカニズムの解明」にどれだけ注視しているかという見方です。一般的な企業では、「私の努力が足りませんでした」で済んでしまうケースが多く、仮に何らかの因果・メカニズムの解明に触れたとしても、深掘りをしません。

先ほどの例では、「休眠顧客開拓」がそもそも施策として有効なのかという見方が抜けているにもかかわらず、Cさんにそれをやるよう求めています。まさに「やれば何とかなるだろう」という性善説の視点に立っています。

一方、キーエンス的な性弱説視点では、そもそも「その施策、そのやり方で効果が出るのか」という因果・メカニズムの解明を最重視します。仮に「休眠顧客開拓施策」を誰かが実施すると発表した時点で、「休眠になった理由の解明」「面談してもらえないかもしれないという前提でのアプローチ方法」「面談件数よりも重要なKPI(重要業績評価指標）の設定」などを考えさせるでしょう。「ただ動くだけでは効果が出ないかもしれない」という前提に立って、施策を練り、実施します。

次は、真ん中の「進捗確認」の項目です。進捗確認とはその名の通り、日々の進捗状況を確かめる場です。性善説視点では、朝礼や週礼を通して進捗を確認するケースが多い。この頻度自体は間違っていません。問題はその中身です。

一般的な企業では、中身の妥当性を確認せず、ただ進み具合を確認します。「今週獲得できそうな案件はどれか」「進捗率は何割か」といった具合です。従って、アドバイスも性善説の視点そのものになります。「何とか早く獲得しなさい」「できるだけ確実に進めなさい」と指示するだけです。そのような指示で案件が動くと安易に考えているのです。もしくは、具体的なアドバイスをする必要などないと考えているのかもしれません。

成果を確実にしようとするなら、進捗確認の際に因果・メカニズムについても確かめ、間違っていたり、遅れていたりしたら修正する必要があります。月末に結果を確認し、うまくいっていなかったと悔やんでも、後の祭りです。

キーエンスでは、日々の朝礼での確認の他に「中間会議」という会議を実施します。月の中日に会議を実施する理由は2つあります。1つは、「中日に軌道修正すれば、その月の終わりまでに修正が間に合う可能性がある」という点。もう1つは、「朝礼や週礼では、因果・メカニズムの解明ができる時間を十分に確保できない」という理由です。いずれの理由も、「数字の確認だけでは、方向性の修正や、施策自体が妥当なものなのかといった検証ができず、軌道修正ができない」という、性弱説の視点に立っています。

最後は「会議の内容」についてです。一般的な企業で多いのは売り上げや件数など、数値の結果に関連した内容に多くの時間を割くというものです。「売り上げが○○円で、達成率が○○％で、どの案件が取れて、どの案件が取れなかった」「こちらのプロジェクトは進捗度100％超で達成した。あちらは60％で遅れている」という感じです。因果・メカニズムの解明に触れることを求めていないため、結果と経過の説明が中心になり、未達の場合は担当者が謝罪をします。

キーエンスでは売り上げや進捗度の確認に加え、事前に設定したKPI（重要業績評価指標）の確認など、多面的に分析します。成果が思わしくないときには「なぜできなかったのか、どうすれば改善できるのか」という因果・メカニズムの解明を重視。同じ失敗を繰り返さないためです。

キーエンス在籍時、Cさん同様に未達の弁を「自身の努力が足らなかった」と述べた

視点の違いによる会議運営の特徴

性善説視点での運営（一般的な企業）		性弱説視点での運営（キーエンス）
できるだろう、やれるだろうという楽観的な視点に立つ	中身の妥当性（因果・メカニズム）	「それで成果が出るのか」という因果・メカニズムの視点を重視
朝礼、週礼等で案件の獲得状況のチェックをするのみ	進捗確認	月の真ん中に「中間会議」を設け、中身の妥当性も含めて詳しく確認
売り上げなどの**数値確認がメイン**。因果・メカニズムの解明を求めない（担当者の謝罪で済む）	会議の内容	売り上げ、進捗、プロセス（KPI）など**多面的に分析**。因果・メカニズムの視点で改善方法を検討する

ことがあります。それに対する上長のコメントは、「努力不足というなら、何の努力がどう足らなかったのかを聞かせてください。もし時間が足りなかったのであれば、なぜ足りなかったのか。準備ができていなかったのであれば、どうすれば準備できるようになるのかを教えてください」というものでした。

今でもこのやり取りを鮮明に覚えています。まさに私はキーエンスという組織から、因果・メカニズムの解明につながる説明を求められていました。

PDCAにも性弱説の視点を

会議の場は数値や施策、プロジェクトの進捗状況だけを確認する場ではありません。そこで指導したり指摘したりする内容の一つ一つが社員教育にもなるのです。

「何が原因でどうすれば改善できるのか」。これを毎日繰り返している企業とそうでない企業とでは、社員の成長速度に大きな差が出ます。キーエンスの販売担当者は半年で実戦投入され、3年もすれば一線級に成長します。販売担当以外もとにかく考えさせ、改善させる。こういった文化が根付いているからこそ、高収益を上げ続けられるのです。

社会環境が劇的に変化する中、ビジネス環境はより難しくなってきています。「PDCAサイクルを回す」という、仕事の場面では当たり前になっているこの言葉にも、「ただ回すだけでは機能しない」という性弱説の視点を加えて、企業や個々人の成長を能動的に加速させていく必要があるでしょう。

ポイント

- ◆「できるだろう、やれるだろう」では失敗を繰り返す
- ◆性弱説視点では「因果・メカニズムの解明」を重視
- ◆会議における指摘、指導は社員の成長速度を左右する

第4章

性弱説視点で
モノ・カネ・情報の質を高める

社会環境の変化と連動する潜在ニーズを探そう

▼潜在ニーズの収集が、高く売れる新商品開発の近道です
▼その際には、性弱説的なアプローチに加えて社会環境との連動が大切
▼社会環境の変化を満たす潜在ニーズが、持続的なヒットにつながります

「営業担当者が顧客ニーズを収集し、新商品開発に生かしている」

キーエンスが誇る高収益性の背景としてよく使われる文言です。顧客ニーズを捉えることは、昨今の顧客ニーズ志向の観点から重要です。「マーケットイン」とも呼ばれ、顧客の声に基づいて新商品や新サービスを開発します。顧客の声を反映させるからこそ売れる新商品ができ、高収益につながるというロジックです。

しかし、読者の中には疑問を感じる人もいるのではないでしょうか。新商品開発に携わった経験があるビジネスパーソンならなおさらでしょう。というのも、「顧客ニーズを聞いて新商品開発に生かす」程度の取り組みは、最近の企業ならどこでもやっています。どこでもやっている手法で高収益を生み出せるなら苦労はありません。

一般的な企業とキーエンスの違いは、ここでも性弱説的なアプローチの徹底です。新商品開発を考える場合、「なぜ新商品開発をするのか」という目的が大きく2つあります。この事実をまず押さえる必要があるでしょう。

より多い理由は、「既存商品がだんだん売れなくなってきているため」「競合品に負け出しているため」といった、販売状況・対競合戦略に由来するものです。例えば、スマートフォンメーカーが毎年のように新型を出すのは、毎年のように処理速度や記録容量を高めるなどしないと競合の新商品に負けてしまうからです。

一方、「今ある商品の価値を高めてより高価格で販売する」「世の中に無いような画期的な商品を投入する」といった、付加価値を高めて高収益を目指すタイプの新商品開発も存在します。多くの人が知っているような商品だと、「羽根の無い扇風機」「1分でお湯が沸かせるポット」などはこれに当たるでしょう。

前者のニーズ収集はシンプルです。顧客と接点がある担当者に「顧客ニーズを取ってきてください」と依頼すれば、ニーズを収集すること自体はそれほど難しくありません。なぜなら、顧客が今まさに使っている商品の使い勝手や不満点を聞けばいいからです。

収集できたニーズについても、特にあれこれ考えずに、ある程度集約してそのまま新商品に生かせます。つまり、「取ってきて」と頼めばニーズが集まり、そのニーズを基にそのまま開発できるのです。「顧客が正直なニーズを発し、それを正面から受け止めて反映させる」という、まさに性善説的な進め方で新商品開発を進められます。

しかし、後者のように付加価値を劇的に高めたり、全く新しい付加価値を提供したりするような新商品開発の場合、そう簡単にはいきません。なぜなら、顧客も気付いていないような「潜在ニーズ（隠れたニーズ）」に基づいて開発する必要があるからです。

この場合、顧客と接点がある担当者に「ニーズを取ってきて」と頼んでも、ヒントとなるニーズはほとんど拾えません。何せ自分たちは、顧客が使ったこともなく、想像したこともないものを作ろうとしているのです。

そうなると、ニーズ収集を依頼しても、顧客がそれを正確にイメージすることも、担当者がそれを引き出して言語化することも難しいと想定しなければなりません。「ヒントこそ得られるとしても、そのまま生かせるものが得られるのは難しいぞ」。この考え方こそが性弱説的思考に基づいた姿勢です。

「もっと小さいマウスが欲しい」は本当か

「もっと小さなマウスが欲しい」

こういったニーズが顧客から出てきた場合、どのように捉えて、どういうふうに新商品開発に生かすべきでしょうか。ぜひ一緒に考えてみてください。まずは、先ほどの前者のような性善説に基づいて考えてみましょう。

今作っているマウスの中で、一番小さいマウスは縦8㎝、横4㎝、高さ2・5㎝の楕円形をしているとします。このニーズへの正面からの回答は、これよりも小さいマウスを作るというものです。

そこで一回り小さく、縦6㎝、横3㎝、高さ2㎝のマウスを企画します。今までのものよりも小さいから、「もっと小さいマウスが欲しい」と感じていた人に満足してもらえるいい新商品になりそうです。何せ、顧客ニーズを聞いて直接的に反映した、マーケットインの手法に基づいた新商品なのですから。

次は、同じニーズから、付加価値を大きく向上させる画期的な新商品開発を模索してみます。この場合、先ほど説明したように、顧客が気付いていない「潜在ニーズ」を見つけなければなりません。そうなるとまず考えるべきは、「もっと小さなマウスが欲しい」というニーズが、どういった理由によるものか、というものです。

顧客ニーズにはいくつかの種類があります。例えば、新しいチョコレートパフェを作るというような、個人の趣味嗜好が大きく反映されるような新商品開発のニーズがその1つです。この場合、ある人が「バナナがたくさん入ったチョコレートパフェが欲しい」というニーズを出したとしても、そのニーズが多くの人に受け入れられるかどうかは分かりません。なぜなら、単にこのニーズを出した人の好みかもしれないからです。アパレル商品なども同様で、この種のニーズには「好き嫌い」が多分に反映されます。

次に、「現状何らかの方法でやっているが、もっと楽になったり便利になったりすればいい」という類いのニーズです。例えば、先ほど紹介した「1分でお湯が沸くポット」などはこの類いのニーズに基づいて開発されています。

電子ケトルが捉えた潜在ニーズ

従来は、大容量のお湯を沸かせるポットが主流でした。それだけたくさんお湯を使う機会があったからです。しかし昨今の家族構成はというと、単身と2人世帯の比率が全世帯の50％以上を占めています。つまり大家族が減って、一度にたくさんのお湯を必要とする場面が減ったのです。代わりに、1人や2人といった人数で、少なくていいからすぐにお湯が使いたいと望む世帯が増えました。

この変化をうまく捉えて、新しいカテゴリーを生み出すほど大成功したのが電子ケトルです。このように、現状何らかの方法でやっているが、その方法では都合が悪くなったり不便になったりした場合に出てくるニーズこそが潜在ニーズといえます。潜在ニーズの発見が成功につながるのです。

話を先ほどの「小さいマウスのニーズ」に戻しましょう。このニーズはどちらの類いでしょうか。もし、前者の趣味嗜好型のニーズだとすると、それが好きな属性の人たちにしか売れません。本質的な困りごとではないからです。

一方、後者の困りごと解決、便利系のニーズだった場合には、さらに深掘りしないと本当のニーズが分かりません。「そもそも、なぜそんなに小さいマウスが必要なのか」「現状はどういった方法を採用していて、なぜそれではダメだと感じているのか」を追究する姿勢が求められます。

このような視点で捉えようとすると、「顧客ニーズを取ってきて」と頼めば比較的簡単にニーズが収集できるというような性善説的な姿勢では難しいことが想像できるでしょう。「より潜在的なニーズは顧客から直接的には拾えない」という性弱説視点でのアプローチが不可欠なのです。

性弱説的な視点に立って現状方法を聞いて得られた情報はこうです。
「スマホゲームの画面をモバイルモニターに映して使っている。しかし、モバイルモニターのタッチパネルを触るには、わざわざモニターに近づかないといけない。一方、スマホの画面でボタンを押そうとすると、ボタンが小さくて押しにくい。パソコン等で使うマウスを使っているものの、リビングや寝室では使いにくい」

この情報をよく分析してみると、「小さいマウスが欲しい」というニーズを口にした顧客が本当に欲しいものは、「離れた場所からモバイルモニターの映像を見ながら、スマホゲームを簡単に操作できる道具」になります。これこそが「小さいマウスが欲しい」と言った顧客が持つ潜在ニーズなのです。

「小さいマウスが欲しい」というニーズに対して性善説的な捉え方をすると、出てきたニーズをそのまま顧客が本当に欲しいものと受け止めます。その結果として出来上がる小さいマウスは、顧客を満足させられません。

だからこそ、「顧客の言葉から潜在的なニーズはなかなか出てこない」という前提に立つ性弱説的視点が、潜在ニーズ収集には求められるのです。現状のマウスの利用方法を確かめ、潜在ニーズを引き出していく。その答えは「離れた場所からモバイルモニターに映る映像を見て、スマホゲームを簡単に操作できる道具」というものでした。このニーズを満たせれば、画期的な商品となる可能性があります。

例えば、片手で握って親指や人さし指などでカーソルを移動させたり、ボタンを押したりできる無線通信型のコントローラーであれば、このニーズを満たせそうです。そして、モバイルモニターの市場動向を調べると順調に拡大しているため、単なる一個人の好き嫌いではなく、モバイルモニターを購入するスマホゲーム愛好家が増えており、彼らの多くが同じニーズを持っていると推測されます。

社会環境との連動は持続的なヒットに不可欠

潜在ニーズに基づいて新商品開発をする際に、ニーズの深掘りとは別に重要な点があります。それは、引き出した潜在ニーズが社会環境と連動しているかというものです。先ほどの「1分で沸かせるポット」については、「たくさん沸かすよりも早く沸かしたい」というニーズを現状方法から導き出しました。そして、単身と2人世帯が増えているという社会環境の変化があります。

早く沸かしたいという潜在ニーズがいくら出てきても、もしかしたらそのニーズは限られた価値観を持つ小集団にしか刺さらないかもしれません。もしくは一過性かもしれません。しかし、単身と2人世帯の増加という社会環境と連動していると確認できれば、それが一過性ではなく、持続性のあるニーズであると見極められるのです。

この関係性を示したのが163ページの図です。図の上側は性善説のアプローチでも得られる「顕在ニーズ」。下側は性弱説のアプローチでのみ得られる「潜在ニーズ」です。

ニーズの源泉、社会環境との連動性に基づく4分類

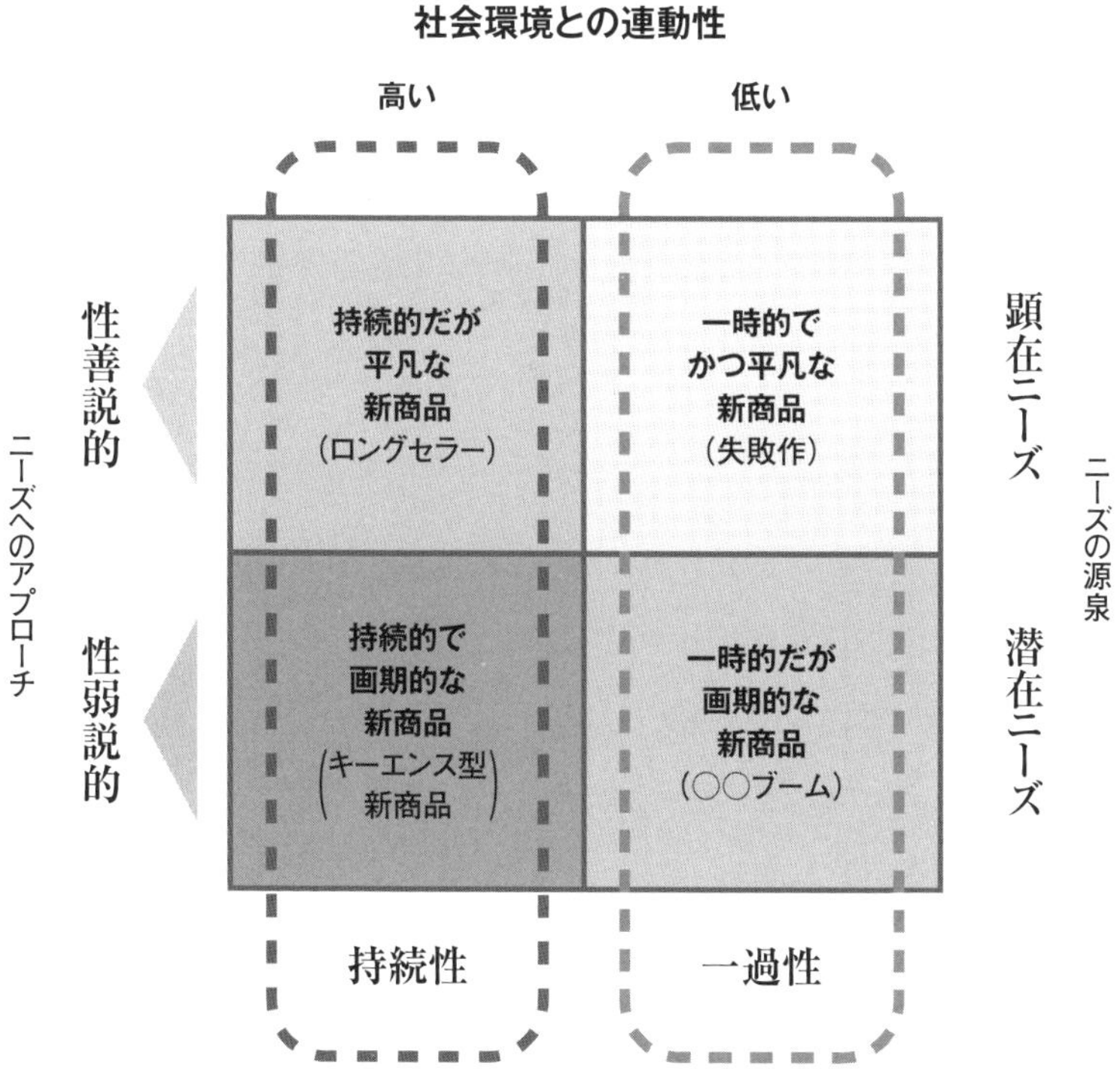

横軸は社会環境との連動性の高低を軸としています。

社会環境と連動しているニーズは持続性があり、発売した新商品が売れ続ける確率も高くなります。一方、連動性が低い場合は一過性の可能性が高く、新商品の売れ行きが長続きしないケースが多い。「タピオカブーム」「たい焼きブーム」といった、「○○ブーム」と呼ばれるものの多くがこれです。食品やアパレルなどのブームは、日本人の食生活や生活習慣の変化に連動したものではないからです。

この図では、潜在的なニーズであり、社会環境との連動性も高い左下のニーズに基づいた新商品が高収益性と持続性を併せ持っています。キーエンスはまさに、この類いのニーズを集めて新商品開発に生かしているのです。そしてこの分野に取り組む結果として、「世界初」「業界初」といった画期的な新商品を発売し続け、それが持続的に売れる。これこそがキーエンスの高収益性の源泉です。

「顧客ニーズ志向」「マーケットイン」という考え方は決して間違っていません。しかしながら、顧客ニーズへのアプローチを間違うと、顕在的で持続的ではない右上のニーズを拾ってしまいます。にもかかわらず、「顧客ニーズ志向」といった言葉が一種の印籠のように使われて、社内の誰も止めることなく「売れない新商品」「もうからない新商品」

を連発する企業もあります。ニーズの集め方にも、性弱説的なアプローチがあると認識し、仕組みをつくり込む必要があるのです。

ポイント

- ◆「顧客ニーズ」「マーケットイン」の印籠的な使用に注意
- ◆潜在ニーズの収集には性弱説的なアプローチが必須
- ◆社会環境との連動が、新商品の持続性に影響を与える

「ニーズカード」の成功は数を集める仕組みにかかっている

▼顧客ニーズを集める「ニーズカード」を導入する企業が増えています
▼しかし、本当に有用なのはごく一部の「きらりと光る情報」
▼そのためには、継続的に多くのニーズが集まる仕組みこそが大切です

「ニーズカードの仕組みをつくったがうまくいかなかった」

最近、訪問先企業でよく聞く顧客の悩みです。書籍やビジネス誌、ウェブなどの情報から「キーエンスはニーズカードを作って運用している」という情報を入手し、ならば「自社でもやってみよう」とトライした結果とのこと。

簡単に解説をするとニーズカードとは、営業担当者が定期的に顧客のニーズを定型化された形式で提出する仕組みを指します。

顧客志向が叫ばれる中、顧客ニーズを収集・集約する「ニーズカード」が気になるのはよく分かります。ましてや、高収益企業キーエンスが実施しているならなおさらでしょう。しかしながら、やってみたけどうまくいかないケースが目立っています。

うまくいかない企業は、本書でこれまで紹介してきたケースと同様、キーエンスが徹底する性弱説視点ではなく、性善説視点で仕組みをつくってしまっているケースが少なくありません。

ここでは、タブレット型パソコンを製造するA社が集めたニーズを見てみましょう。「画面が指紋で汚れやすい」「重たい」「音が良くない」「販売店の対応が悪い」「ボタンの色が嫌いな色ばかり」といった内容が目立ちました。

一部の顧客からアンケート形式で収集したニーズの総数は約200件。より幅広いニーズを拾うため、回答は選択式ではなく自由記述式にしました。

よく見ると、ニーズと言えばニーズですが、見方によってはクレームのような内容も含まれています。問題は、これらをどう扱うかです。開発担当者に見てもらったところ、

「画面が指紋で汚れやすい」「重たい」「音が良くない」の最初の3つのニーズについては、「参考にします」との返答でした。

既知の情報ばかりが集まる

少しぶっきらぼうな対応だったため理由を尋ねたところ、「そんなことは開発段階から分かっている。今回の商品は低価格を売りにしているため、『重さ』『音質』は商品原価低減のために妥協せざるを得なかった」というのです。つまり開発担当者としては、企画段階からこのような反応が来ることは織り込み済み。「画面が指紋で汚れやすい」というニーズについても同様でした。

あとの2つの「販売店の対応が悪い」「ボタンの色が嫌いな色ばかり」についても、ニーズといえばニーズだが対応は難しい。ボタンの色については新商品に反映できそうなニーズではあるものの、何色にすればいいのでしょうか。趣味性が強く、仮に3色から5色に増やしたとしても「好きな色がない」というニーズはまだまだ出てきそうで、きりがありません。

「クレーム解決は顧客満足度を高める最初の一歩」と言われるように、クレーム（のような内容も含めて）も重要です。しかしながら、新商品を開発する際に参考にするニーズという観点で見たときに役に立つかといわれると難しい。

集めたニーズに対応して「画面が指紋で汚れにくく」「軽く」「音質もいい」商品を低価格で販売できれば、顧客ニーズに沿ったいい商品になるでしょう。ただ、それができるならとっくに出しています。性能をある程度犠牲にしてでも低価格を実現した商品に対して「もっと品質を向上せよ、ただし同等品より安く」という無理難題を求めているのがこれらのニーズなのです。

つまり、ニーズカードの仕組みを導入して200件のニーズを集めたものの、新しい商品に生かせそうなニーズはほとんど集められなかった。これがA社の実態です。なぜそうなるのでしょうか。それは性善説視点でニーズカードの仕組みを構築・運用したからにほかなりません。

顧客は自分の見える範囲、イメージできる範囲のことしか言語化できません。このため性善説ではなく、性弱説に基づいたアプローチが重要です。

顧客が発する「商品開発に生かせそうなニーズ」の中には、次の3つのものが混在しています。1つ目は、ある特定の顧客だけが持っている「特殊なニーズ」。ニーズには違いありませんが、その企業、その人だけが持っている特殊なニーズに対応して商品化してしまうと、特定の顧客にしか売れないリスクを抱えています。

2つ目は、顧客が持っている「意見」です。実際にはそれほど困っていないにもかかわらず、あったほうがいいだろうと、顧客が自分の意見をニーズとして述べてくるケース。この場合は、実際の困りごとに起因したものではないため、ニーズとは言えません。この意見をニーズと取り違えて商品開発に盛り込んでしまうと、顧客が本当は求めていないものを作ってしまい、売れません。

そして最後は、顧客による「作文」です。実際には商品を使っていないにもかかわらず、テレビやインターネット上の情報などを基に、思い付きによって顧客がニーズらしきものを作文するケースです。もちろんこれも、ニーズとして当てにしてはいけません。

このように顧客ニーズには、「特殊なニーズ」「意見」「作文」が多く含まれているという認識がまず必要です。ましてや、インターネットを使った簡単なアンケートのように回答時間が短い場合、あまり深く考えずに答えてしまうし、担当者が確認することもできないため、これらが含まれるリスクはさらに高くなります。

繰り返しになりますが、キーエンスはニーズカードの仕組みを構築する際に、「顧客は自分の見える範囲、イメージできる範囲のことしか言語化できない。だから顧客ニーズを収集しても、商品の付加価値向上に役立つ情報はほとんど得られない」という前提に立っています。これがまさに、性弱説視点なのです。

このような視点に立つと、ニーズカードの役割はあくまでも「ヒント」という扱いにとどまります。筆者の経験では、キーエンス時代のニーズカードも今回の事例と同様、大多数は「織り込み済み」「クレーム」といった内容でした。また、他の企業でニーズ収集の仕組みを導入した際もおおむね同じような結果が出ています。このように見ると、商品開発に直接的に役立つニーズをニーズカードに基づいて集めるのは非常に困難です。

きらりと光る情報を見つけるのが目的

では役に立たないかというと、そうではありません。件数が多くなると、その中には「きらりと光る情報」も含まれてくるからです。例えば、先ほどのタブレットパソコンのニーズカードの中に、「内蔵しているカメラを動かしたい」というニーズが1枚だけ含まれていました。

２００枚の中の1枚だから少数意見だと切り捨ててはいけません。このニーズは、開発担当者も含めて「織り込み済み」の情報ではありません。もちろん、それが「特殊なニーズ」「意見」「作文」ではないと確かめる必要はあります。そこで、ニーズを出してくれた顧客に詳しく聞いてみたところ、ニーズの実態はこうでした。

「現状、タブレットパソコンをスタンドに固定して、無人店舗の案内用タブレットとして使用している。昨今、遠隔で無人店舗を案内できるようなサービスが増えているが、導入には監視カメラが必要となる。監視カメラを設置すると、機器の設置費用と毎月の利用料が発生し高額になる。そこで、タブレットに内蔵しているカメラを質問してくる人に向けられれば、監視カメラを導入せず遠隔で案内できる」

このニーズは、現状の事実に基づいているため説得力があります。また、導入した際のコスト削減効果が見込めるため、導入を進める合理的理由があります。そして実際に使っている人の口から出てきた困りごとであり、作文や意見でもなさそうです。

このように枚数が多くなると、中には「きらりと光る情報」が含まれます。可能性は低く、たくさん得ようとするなら、母数を増やすしかありません。そしてこのヒントは、深く掘り下げていくことで、有用な情報に化ける可能性を持つのです。

「定着化」させるための仕組み

つまり、ニーズカードで顧客ニーズを集める仕組みをつくる際には、それなりの数が集まり続ける仕組みが必要なのです。そのため、性弱説視点で仕組みを設計しないといけません。「ニーズを出してくれと口酸っぱく伝えても、出してくれないかもしれない」という視点が必要なのです。

性善説視点だと、「ニーズカードという仕組みを始めれば、顧客ニーズは自然と集まってくる」という楽観的な考えに立ちがち。仕組みをつくった以上、それを集めるのが現場の仕事だと経営者は考えてしまうからです。しかし実際には簡単な話ではありません。A社のようにアンケート形式を採用した場合、何回かは回答してくれるでしょうが、さすがに、毎月アンケートを出し続けたら答えてくれないでしょう。繰り返されるアンケート依頼に顧客が気分を害するかもしれません。

また、営業担当者に顧客ニーズをヒアリングしてきてもらう際も注意が必要です。本来、営業担当者の仕事は商品の販売です。見込み客に対して商品を説明し、導入メリットを解説し、見積書や提案書を提出し、時には競合との差異化を図り、売り上げへとつなげていく。こういった作業は非常に手間と時間がかかります。

打ち合わせの場面では、顧客の使用状況やメリットにつながる情報を聞き出したり、価格情報などのヒントも得たりしなければなりません。要は忙しいのです。その中で、商談とは直接的に関係ない新たなニーズを聞き出すのは、時間的にも労力的も一苦労です。従って、担当者の善意や責任感に任せていてはほとんど集まりません。何の制約もインセンティブもない中で、現場が「5年後10年後を見据えてニーズを集める」という意識が低くなるのは、ある意味では当然です。つまり、性弱説の視点に立ち、現場が集める確率を高める仕組みが必要なのです。

具体的には、日々の仕事の一部だと現場に認識してもらう必要があります。そのためには、何らかのインセンティブの付与は効果的。新商品に貢献した優秀なニーズには、金一封を与えるというような制度は一案でしょう。筆者が在籍していた頃のキーエンスでは、ニーズカード大賞という最優秀賞には50万円ほどを与えていました。

他にも、KPI（重要業績評価指標）の中にニーズ提出件数を指標として組み入れ、

継続的に数を集める仕組みを整える

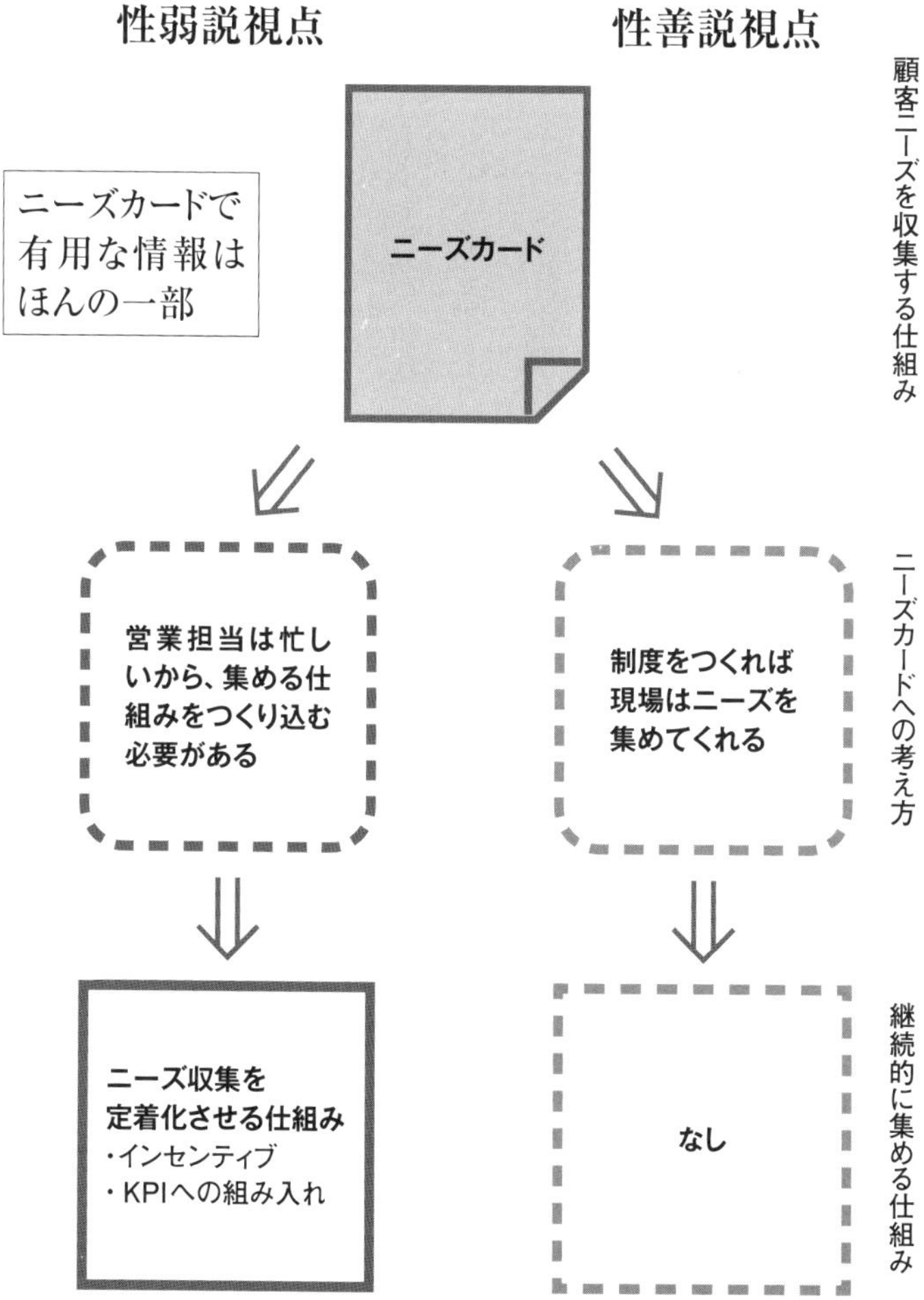

提出件数が一定数を下回ると評価が悪くなる仕組みも有効です。出すことによるインセンティブ、出さないことによるペナルティーなど、自社に適した仕組みを整えて、ニーズを継続的に集める取り組みが欠かせません。これを定着化といいます。

ニーズカードの仕組みを導入した企業を見てみると、定着化が課題となっているケースが目立ちます。インセンティブやペナルティーを導入すればいいのですが、「現状の人事評価制度と整合性が取れない」といった理由で、定着化のための工夫ができないのです。大量のニーズの中からきらりと光るヒントを探す必要があるため、数が何より求められるにもかかわらず、です。これでは有用なヒントを得られる可能性は低く、効果が出ないからと、さらに集まらなくなる悪循環に陥ります。

「きらりと光る情報」こそ、新規事業や新商品の開発には有用です。従って、何らかの方法でこういった情報を集めたい。だからこそキーエンスの「ニーズカード」を模倣する企業が多いのでしょう。しかし、仕組みは機能させてこそ価値があります。キーエンスではインセンティブを導入し、KPIにも組み入れ、定着化の努力を続けているから何十年も継続して膨大なニーズを集め、その中に潜む有用なヒントを獲得しています。

真に大切なのは、導入した仕組みを機能させ、定着させる方法です。この点を改めて認識して、継続的に機能する仕組みづくりを考えていただきたい。

ポイント

◆「集めてください」という号令だけでは集まらない
◆ごく一部の「きらりと光る情報」こそが大切
◆数の確保には、インセンティブ、KPIなどが必要

ソリューション提案は「簡単化」で成長と成果を両立

▼付加価値の高いビジネス手法に、ソリューション提案があります
▼ただ、安易に導入しても、もちろんうまくいきません
▼人材を育てながら成果も出す「簡単化」の努力が欠かせません

ソリューション提案（ビジネス）の重要性が以前よりも増しています。賃上げ基調が旺盛な中、その原資を確保するために利益率の改善が必須だからです。ところが、このソリューション提案は難度が高く一筋縄ではいきません。ここではこのビジネス形態について、キーエンス流の「性弱説経営」の視点から見ていきましょう。

ロボットなどを活用した自動化設備を設計・製作する企業を例に考えてみます。

「人手が足りなくて困っているのでロボットなどを活用して自動化を進めたい」

これは、飲食店を営んでいる顧客から持ち込まれた依頼です。最近、人手不足からくるこの手の依頼が増えています。

今までは顧客から言われた設備をそのままつくってきました。例えば、「タブレットを使った注文システムをつくりたい」というニーズに対しては、いろいろな仕様（どんなサイズのタブレットを使って、どんなボタンをつけるかなど）を確認し、システムをつくり上げてきました。こういったケースでは、顧客から出てくる課題が明確なため、欲しがっているものをそのままつくればよかったのです。

ところが今回のようなケースでは、「どの作業を自動化すれば効率が上がるか」が自分たちはもちろん、顧客にも正確には分かりません。自動化をすれば効率が上がるという漠然とした思考が前提になっているからです。従って、顧客が抱える「本質的なニーズ（潜在ニーズ）」をしっかりと把握する必要があります。

早速、この企業ではソリューション提案を強化することにしました。顧客が抱えているニーズの本質を聞き出し、それを解決する方法を見つけ出して顧客に提案し、採用してもらう活動です。

ところが、いきなり壁に当たってしまいました。現状の営業担当者のスキルでは、顧客のニーズの本質をなかなか把握できなかったのです。なぜ把握できなかったのでしょうか。その理由を深掘りしてみましょう。

顧客の主観や作文に惑わされる

顧客自身が自身の本質的なニーズをしっかりと把握していれば、単純にそれを実現すればいいので難度はそれほど高くありません。ところが、今回の「人手が足りなくて困っているのでロボットなどを活用して自動化を進めたい」というような、ニーズが漠然とした依頼では、まず「何がどう問題なのか」を捉える必要があります。

依頼者に詳しく聞いてみた結果、「配膳の人手が足りないので配膳を自動化したい」というニーズが出てきたとします。最初のものよりは具体的になったため、一見、顧客ニーズをしっかりと拾えています。しかし注意しないといけないのは、顧客の要望には「顧客の主観や作文」が含まれている点です。額面通りに受け止めるべきではありません。

顧客は、自分が見える範囲（普段接している業務など）の問題点は良く見える（気づく）一方で、他の業務や、問題そのものの本質には気付かないケースが多い。先ほどの「配膳の人手が足りない」という問題について「なぜ配膳の人手が足りないのか」という「問題の本質」が抜けてしまいがちなのです。

もしかしたら、配膳の人手が足りない理由は、調理の優先順位付けにあるかもしれません。同じようなオーダーが入る可能性があるにもかかわらず、一つひとつの注文に対して1人前ずつ作って配膳し、配膳の効率を落としている可能性があります。このケースだと、配膳の自動化をする前に、オーダーから調理に至る作業の効率化が、配膳の人手不足問題の解決にとっても有効です。

このような視点で見ると、「配膳の人手が足りないので配膳を自動化したい」というニーズに対して「配膳作業にロボットなどを入れて自動化する」というのは、表面的なニーズを拾っているだけです。仮に導入に至っても、問題の本質がオーダー周りにあるならば、人手不足を根本的に解決できない可能性が残ります。つまり、これだと顧客にとって役立ち度が低い可能性があり、当然、販売価格も高くなりません。

このように、顧客の本質的なニーズを捉えないと、顧客への役立ちを最大化できません。今回のような漠然とした依頼の場合、単にどの作業を自動化するかという内容ではなく、その背景をしっかりと押さえ、隠れたニーズを見つけ出す必要があります。この一連の取り組みこそがソリューション提案です。

このような視点が欠けたまま、安易にソリューション提案を導入したことが、この企業が失敗した原因でした。現状の営業担当者のスキルを見誤っていたのです。先程のケースだと、「配膳の人手が足りないので配膳を自動化したい」という要望までは聞き出せますが、その後の「なぜそもそも配膳の人手が不足するのか」までたどり着けません。

そして、このような結果を招いたのは、「うちの営業は真面目だしそこそこ優秀だから、ソリューション提案にも対応してくれるはず」という「性善説」に基づき、準備をせずに取り組み始めたことです。

ソリューション提案は簡単ではありません。だからこそ「性弱説」視点が大切です。

見極める力を仕組みで担保する

次は、このソリューションビジネスについて「性善説」と、キーエンス流の「性弱説」

の視点から見ていきましょう。185ページの図を見てください。この図は、ソリューションビジネスのフローと各段階での理想（あるべき姿）、そして、それぞれの段階で「性善説」「性弱説」の視点に立った場合にどうなるかを示しています。

第1段階は「①ニーズ把握」です。ここでは、いかにニーズの本質を捉えられるかがカギとなります。次の「②解決案検討」では、第1段階で見定めたニーズに対する解決案を検討します。第1段階でニーズを見誤ったら、ここでの修正はできません。

次は「③導入可能性模索」に進みます。何らかの解決案を見つけ出したとしても、顧客にとって費用対効果が高くなければ導入に至りません。また、店内のスペースの問題など、物理的に導入できるかといった面での導入可能性も検討します。最後は、「④顧客への提案」です。①〜③がしっかりとできていれば、それほど難しくありません。

上段は、「性善説」に基づいたフローです。基本的な方針について、性善説では、各個人に任せれば十分できるという前提に立つので、「個人に任せる」となります。しかしながらこの方針だと「①ニーズ把握」の段階で、先ほどの自動化事例のように本質的なニーズが拾えず、質の高いソリューション提案につながらないケースが増えます。仮に本質的なニーズを収集できる優れた社員がいても再現性がなく、他の人がそれを習得できないので、社員ごとの成果のばらつきが大きくなります。

次に、下段の「性弱説」によるアプローチを見てみましょう。ここでの方針は、それまでの類似の成功事例の活用です。最も難しい「①ニーズ把握」の段階では、各個人のヒアリングスキルに依存しない仕組みを考えます。似たような成功事例を顧客に打診して、顧客から本質的なニーズを引き出しやすいアプローチ方法を構築します。

先ほどの配膳自動化ニーズの顧客であれば、性善説に立つと、「なぜそれが必要なのか」という顧客への突っ込みを各個人がする必要に迫られます。一方、「性弱説」アプローチでは「配膳の人手不足対策で、タブレットを使った注文システムを導入し成功している顧客がいます。貴社でも当てはまるのではないでしょうか」などと、他社での成功事例を確認してもらうところからスタートします。

このやり方には2つの利点があります。1つは、他社の成功事例を話しているだけなので、営業担当者のスキルによるばらつきが発生しにくい点。事前に部署で用意した資料を使うなど、共通ツールを使うとさらに難度が下がり、ばらつきが減少します。

もう1つは、配膳にばかり注目している顧客の思考を注文システムに向けられることです。注文周りについてもヒアリングでき、解決案を検討する上での選択肢が増えます。

ソリューション提案のフローと「性善説」「性弱説」の関係性

<table>
<tr><th rowspan="2"></th><th>段階</th><th>①ニーズ把握</th><th>②解決案検討</th><th>③導入可能性模索</th><th>④顧客への提案</th></tr>
<tr><td>理想（あるべき姿）</td><td>本質的なニーズの探索</td><td>最適な解決案の検討</td><td>費用対効果、実現可能性の最大化</td><td>顧客へ理解してもらいやすい提案</td></tr>
<tr><td rowspan="2">性善説</td><td>基本的な方針</td><td colspan="4">個人に任せる</td></tr>
<tr><td>課題</td><td>スキルによるばらつき発生（表面的なニーズを拾ってしまう）</td><td colspan="3">スキルによるばらつき発生</td></tr>
<tr><td rowspan="2">性弱説</td><td>基本的な方針</td><td colspan="3">他の成功事例からの展開</td><td>定型フォーマットの共有</td></tr>
<tr><td>特長</td><td>本質的（潜在的）なニーズが拾いやすい</td><td colspan="3">事例やフォーマット共有（簡単化）によりスキルのばらつきが出にくい</td></tr>
</table>

つまり、難度が高く最も重要な「①ニーズ把握」において、顧客がイメージしやすい成功事例を資料として用意すると、各個人のヒアリングスキルへの依存度を下げつつ、顧客からより多くの情報を収集できるようになるのです。

同様に「②解決案検討」「③導入可能性模索」についても、性善説のような個人任せにしません。性弱説では「似たような事例を探す」という、より簡単な方法でアプローチします。そして最後の、「④顧客への提案」においても、他の担当者が成功したフォーマットを共有し、各個人のスキルへの依存度を下げます。

個人を育てながら、個人のスキルに依存しない

ソリューション提案成功のカギは、本質的なニーズが把握できるかにかかっています。キーエンスでは、第1段階の「ニーズ把握」で顧客の本質的なニーズをできるだけ簡単につかめるように、ツール、仕組みを整備しています。守秘義務などに触れない範囲で、他社での成功事例を顧客に簡単に説明できるツールを作り上げるのです。

さらに営業担当者は、顧客の目の前で商品のデモンストレーションができるように必

要な機材を持ち歩きます。そして、それらを使ったロールプレイング型の研修も日常的に実施。こうすることで個人個人を成長させながら、個人のスキルに依存しない「簡単化」された体制を築いているのです。

ポイント

◆ソリューション提案は難度が高いと心得る
◆本質的なニーズの把握が決め手である
◆「簡単化」で個人を育てつつ、個人に依存しない

ニーズを構造化して仕様を「見切る」

▼ニーズは整理し、構造化して理解すると有用さが高まります
▼構造化によって、「本当に必要かどうか」を見極められます
▼その結果、ファブレス企業として、製造委託先とも共存共栄できます

キーエンスのビジネスモデルで有名なものの中に、ファブレスがあります。

ファブレスとは、自社で生産設備を持たず外注先に製造委託するビジネスモデルです。今でこそ一般的になったこのビジネスモデルを、キーエンスは50年前の創業期から採用しています。そして、このファブレスを効果的に機能させるためにも、性弱説の視点を

生かしています。

「最新のマイコンを搭載し、サイズも小さく、かつ、可能な限り安くしてください」

ファブレス企業であるY社が新商品の開発段階で、外注先であるB社に見積もりを頼んだ際の言葉です。自社商品を外注するために依頼した内容であり、無理難題を要求しているようにも見えます。

ファブレスという自社のビジネスモデルを機能させるという視点において、このようなアプローチは有効でしょうか。

ファブレス企業にとって外注先は極めて重要なパートナーです。ファウンドリー企業と呼ばれる製造に特化した企業であれば、同社に製造を頼みたい競争相手も多い。そのパートナーに無理難題を押しつけるような交渉は、中長期的に自社のビジネスモデルを崩してしまうリスクを負います。

昨今、一種の流行のようにファブレスを採用する企業が増えているものの、Y社のようなスタンスで臨んでいる企業が多い。そして、その当然の帰結として、ビジネスモデルを事実上破綻させてしまうケースがあります。では、何がどう問題なのか、もう少し詳しく分析していきましょう。

まずは、ファブレスというビジネスモデルそのものを掘り下げてみましょう。既述のように、ファブレスとは生産設備を持たないという意味であり、そのようなメーカーをファブレス企業といいます。自社で工場や生産設備を持たないメリットは、「初期投資や固定資産を抑えられる」「企画・開発・設計といった得意分野に経営資源を集中できる」「自社の工場や生産設備に縛られず新商品の企画開発ができる」点などが挙げられます。

もちろんデメリットもあります。自社生産ではないため「ＱＣＤ（品質、コスト、納期）の管理が難しい」「自社にコア技術やノウハウが蓄積されにくい」といったものです。Ｙ社とＢ社との交渉が示すように、コストは外注先（この場合はＢ社）に左右されます。

このようにメリット、デメリットがあるファブレス化ですが、昨今のビジネスのグローバル化や商品寿命の短縮化などを背景に、スピード感と開発の自由度を求めて選ぶ企業が増えています。キーエンス以外にも、半導体メーカー・米ＮＶＩＤＩＡ《エヌビディア》、米アップル、任天堂などもファブレス企業です。

本題に戻って、冒頭の文言についてもう一度考えてみましょう。「最新のマイコンを搭載し、サイズも小さく、かつ、可能な限り安くしてください」という要求は、一見すると、通常のビジネス上の交渉です。しかしそれは、依頼するY社の側からの視点です。

仕事を受けるB社の側から見ると景色は変わります。「高価な最新部品を使い、サイズも小さいため、組み立てが難しく手間もかかる。それにより歩留まりが低下して、製造コストは高くなりそうだ。にもかかわらず、とにかく安くしてほしいと依頼された」となります。

B社にとってY社は重要な取引先なので、判断は難しいものになります。断ったら次の話が来ないかもしれず、受けたら内容的に厳しく利益が出るかどうか分かりません。やはりY社は、外注先B社に対して、無理難題を押しつけているようです。

しかしながらY社のアプローチは、「B社はいつものように受けてくれるだろう」という性善説視点に基づいています。「仕事である以上、前向きに取り組んでくれるに違いないし、本当にどうにもならないなら、相談してくれるに違いない」と具体的な根拠なしに思い込んでいると言ってもいいでしょう。

しかし、ファブレス企業は製造を引き受けてくれる外注先がいるからこそ成り立つビジネスモデルです。そう考えると「他社の案件より条件が悪いとB社は受けないかもしれない」「もっと相手の事情に立って、受けてもらえる交渉をする必要がある」という性弱説の視点に立ち、無理難題を押しつけるべきではありません。断られるということは、自分たちのビジネスモデルの破綻を意味しています。にもかかわらず、自分たちのビジネスモデルの根幹に関わる外注の交渉を甘く見ている企業が多すぎます。

その仕様は本当に適切か

Y社の依頼内容をキーエンス流の性弱説視点で組み立て直すと次のようになります。「最新のマイコンを搭載せざるを得ない。しかし、サイズについては現行品と同じでよい。コストについては可能な範囲で安くしてください」

両社の違いはサイズとコストに対する言及の仕方です。製造コスト上昇につながる小型化が不要だと明言した上で、価格についても、「できるだけ」から「可能な範囲で」と表現を和らげています。

なぜキーエンスはサイズを小さくしないでよいと明言できるのでしょうか。それは、企画立案の段階でサイズの重要性を見切っているからです。要は、「現行品と同じ大きさでも問題なく売れる」という見込みが立っているのです。

「現行品と同じ大きさ」という仕様は、製造コストに直接影響する重要な要素です。組み立て効率が向上し、不良品も出にくい。それにより外注先B社は、自社の利益を確保しながら、Y社のケースよりも安い価格をキーエンスに提示できます。

B社目線でも、キーエンスの仕事のほうが利益を稼ぐことができ、キーエンスはY社よりも安く商品を調達できます。Y社と同じ値段で販売すればY社よりも多く利益を得られるでしょう。キーエンスとB社はウィンウィンの関係です。

「ならばY社もキーエンスと同じようにサイズを見切ればいい」と考えるでしょう。その通りなのですが、これがなかなか難しく、創業から半世紀、キーエンスの競争力の源泉の1つとなり続けています。

これまで本書を読んでこられた読者は、その理由をある程度推測できるでしょう。顧客ニーズを捉えるのは簡単ではありません。顧客が回答した要望をそのままニーズとして捉えるのは危険であるという「顧客ニーズの罠《わな》」、ニーズカードを作っても既知の情報ばかりが入ってしまうという課題などがあります。

このように顧客ニーズというものは、顧客から出てきた言葉であったとしても鵜呑《うの》みにできず、適切に取捨選択し、解釈しなければなりません。ましてや、「小さくなくても大丈夫」という判断をする（見切る）ためにはそれなりの根拠が必要です。「これでサイズの大きさが原因で売れなくても仕方がない」と決断できる程度のものが求められます。従って、ニーズをうまく解釈し、合理的に説明できるスキルを現場が持ち、その判断を承認できる上司がいないと、「小さくしない仕様」は採用できません。

ニーズ構造化のための4要素

キーエンスの商品企画担当者は顧客からのニーズを鵜呑みにせず、ニーズを構造化して捉えるスキルを身に付けています。キーエンスにおける構造化とは、「誰が」「今どういった方法を採用し」「何が問題で」「どれぐらい困っているか」という4要素への分解をいいます。

先ほどの大きさの話だと、現状の取り付け方などを実際に確認すれば、小さいサイズが重要かどうか判断できます。窮屈な場所に設置していないならサイズは問題にならないと見切れるでしょう。そして、一口に大きさが問題といっても、高さ、幅、厚みのいずれが問題なのかによっても対応が変わります。

つまり、構造化の2番目に当たる「今どういった方法を採用しているのか」をしっかりと確認することで、大きさに関するニーズの本質を見切るのです。

なお、こうした現状確認をせずに「大きさについてはどうですか？」と顧客に尋ねれば、「小さいほうが助かる」と回答する顧客がほとんどです。この回答を基に「顧客は小さいものを望んでいる」と判断するのは間違っています。

構造化が必須となれば、「誰がニーズを構造化して捉えるか」を考えなければなりません。一般的な企業において、新商品を企画する役割を担うのは、

①営業・販売系の職種
②技術・開発系の職種
③マーケティング・企画系の職種

の3つが考えられます。

営業・販売系の職種が新商品を企画する際は、顧客からダイレクトにニーズが入ってくる利点があります。しかも大手企業や大口取引先など、重要な顧客からの情報も多い。しかしこれがデメリットになる場合もあります。顧客名、顧客の規模を〝印籠〟のように使い、顧客の声をそのまま仕様にしてしまう「顧客ニーズの罠」に陥りやすいのです。

チャンピオンスペックの罠

技術・開発系の職種が担当する場合、技術に詳しいというメリットの一方で、技術重視のプロダクトアウト（作り手側視点の商品開発）型商品が多くなってしまうというデメリットがあります。実際、この職種の人が企画した新商品案を見ると、「チャンピオンスペック」になる傾向があります。その名の通り、すべての仕様、機能についてチャンピオンである商品を作ろうとする考え方です。競合分析を実施して、仕様、機能などすべてにおいて競合を上回るように設計するのです。冒頭の「最新マイコン搭載、サイズを小さく、そして安価」というのは、まさにこのチャンピオンスペック志向です。

最後のマーケティング・企画系はその名の通り、企画立案を専門とする職種です。営業・

ファブレスにおける3段階の性弱説視点

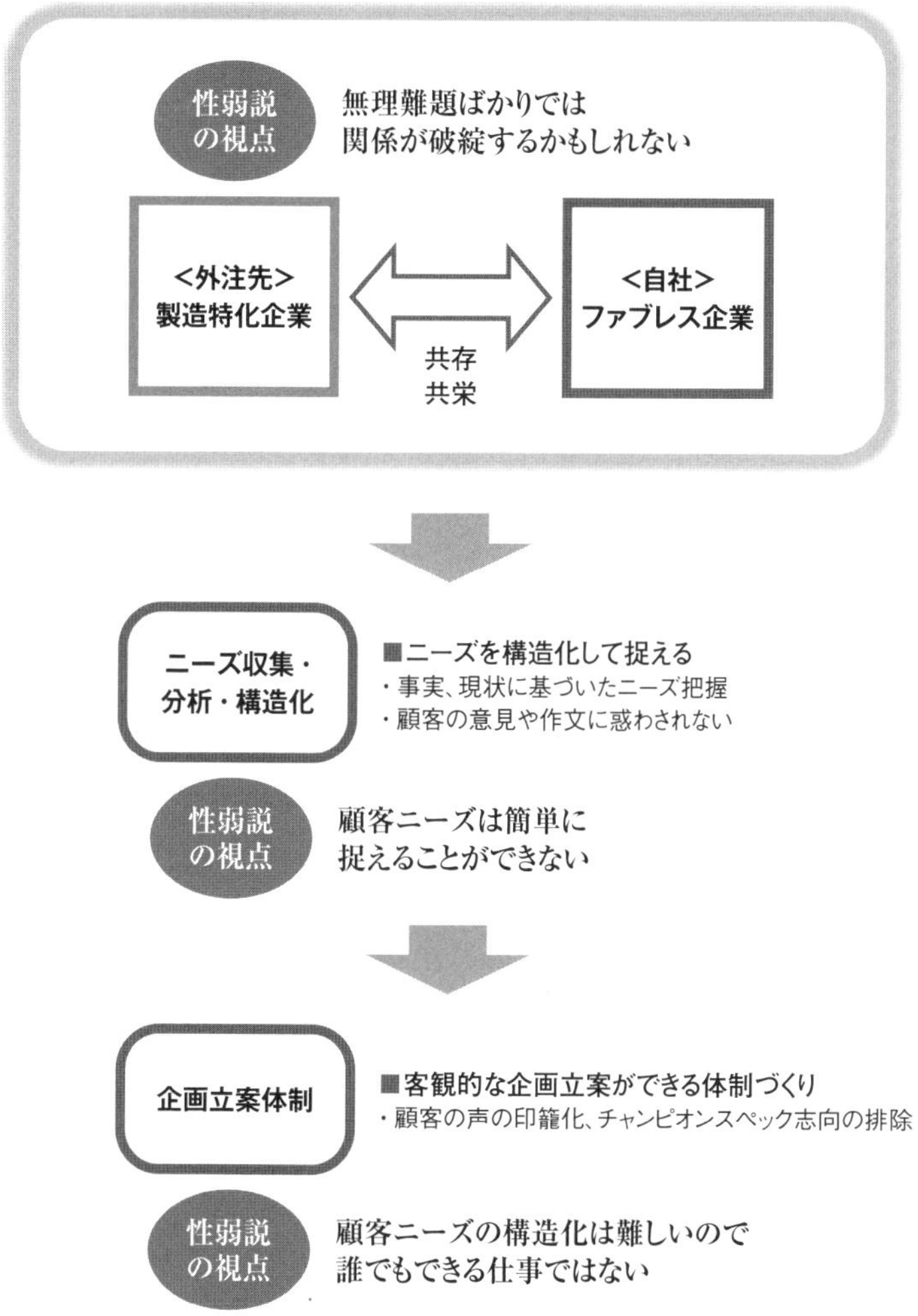

販売系の弱点である特定顧客の声に偏らず、過度にチャンピオンスペックに走らず、バランスの取れた企画を得意とします。

先ほどの「小さくしない仕様」を採用できるのは、やはりマーケティング・企画系の人たちが多い。「顧客の声の印籠化」傾向が強い営業・販売系、「チャンピオンスペック」志向が強い技術・開発系は、ニーズの構造化が苦手になりがちだという視点に基づいて、社内の役割を設計するといいでしょう。

このように、ファブレス企業において、製造委託先とうまく付き合い、自社にとって競争力のある商品を開発するためには、ニーズの構造化が必要であり、その実現には「適切な企画立案ができる体制」が求められます。

規模が小さい中小企業においては、ニーズの構造化を実践できる人材は限られるし、そのような優秀な人材が営業や技術の中核を担っているケースも多いでしょう。その際には、そのような人物にマーケティングの基礎教育を施した上で、マーケティング・企画系の役割も与えるような経営判断が求められます。

これまで、ファブレスをどう機能させるかについて、性弱説の視点から書いてきました。その中では、外注先との共存共栄が大切であり、そのためにはニーズの的確な把握が必須です。そして、その実践には企画立案体制の確立がカギとなります。

ポイント

◆ファブレス成功には外注先との共存共栄が不可欠
◆そのためには、ニーズを構造化し、見切る必要がある
◆ニーズを見切るには、企画立案体制から設計する

第5章

「仕組みを動かす仕組み」が持つ価値

「仕組みを動かす仕組み」で健全な職場を築く

▼頑張る人が損をする職場では、モチベーションが下がります
▼性善説的な考え方では、〝ズル〟をする人に対応できないのです
▼健全な職場にするためには、「仕組みを動かす仕組み」が欠かせません

「先日、当社の担当者がお伺いした際、しっかりと対応させていただいたでしょうか」

これは、キーエンスを紹介する書籍、記事などで見かける「ハッピーコール」と呼ばれるものの一場面。営業担当者が面談した顧客に対し、担当者の上司が実施するフォローサービスです。

自社の顧客が、担当者からしっかりとした対応を受けているかどうかを上司自らが確認するのは、非常に丁寧な活動であり、顧客満足度が向上するでしょう。しかしながら、この活動にはもう1つの目的があります。それは、「仕組みを形骸化させない」というものです。顧客へのフォローがどのような仕組みの形骸化を防いでいるのでしょうか。

キーエンスの様々な仕組みの中で、高収益に強く貢献していると考えられるのが、仕事の密度を上げる仕組みです。キーエンスは、自身の時間当たりの付加価値創出を意識する「時間チャージ」の考え方を重視し、営業担当者は1分単位で仕事を管理しています。

こういった仕組みが高収益に寄与していることは論をまたないでしょう。ただし、大事な前提があります。仕組みがしっかりと機能していることです。1分単位で日報を記載する仕組みがあっても、それが正しく記載されていなければ意味がありません。実際に顧客と面談していなければ、1分単位で記載された面談時間はただの絵空事です。

つまり、ハッピーコールの2つ目の目的は、部下が実際に面談をしたかどうかの確認にあります。一般的な企業であれば、日報に面談したと書けば、嘘を書いてもまず分かりません。重要な商談など大人数が関与する案件ではそうもいきませんが、顧客へのあいさつや簡単な商品紹介程度の面談なら、確認される機会はほとんどないからです。

不正が信頼を失わせる

しかし、キーエンスは違います。面談件数がＫＰＩ（重要業績評価指標）として集計され、一定の重みづけで評価されています。従って、重要な面談だろうが、あいさつ程度の面談だろうが、面談件数が大きな意味を持ちます。

仮に、偽りの面談記録が多いとどうなるでしょうか。まず、面談件数のＫＰＩが機能しません。面談件数のＫＰＩはいくつもある評価指標の一部です。しかし、その一部が信用できないとなると全体の信用を失います。そして、売り上げの絶対額や対前年伸び率といった業績とＫＰＩを組み合わせた評価システムそのものが信用できなくなります。その評価システムの結果はランキング形式で可視化され、賞与の金額にも影響します。当然、そのランキングも当てにならないのです。

このように、面談件数というたった1つの指標が、社内ランキングや賞与金額を含めた評価システム全体に影響してきます。だからこそキーエンスは、その管理にリソースを割くのです。

ここまで読むと、「キーエンスはそんな細かなことまでするのか」と驚く読者もいるでしょう。でも、よく考えてみてください。仮にご自身が「アポイントを工夫して1件でも面談件数を増やせるように真面目にやっている担当者」だとしましょう。嘘で面談件数を稼ぎ、高い評価や賞与を得る人がいる状態を見てどう思うでしょうか。決して、いい思いはしないでしょう。評価システムは形骸化し、真面目な人のモチベーションは下がり、不正をする人の数が増える。結果として、企業全体の仕事の密度は大きく低下するでしょう。

「2：6：2の法則」というものがあります。どのような組織でも「優秀な人、頑張る人」2割、「普通の人」6割、「できない人、やらない人」2割という比率に分かれるという法則です。この法則を正しいとした場合、組織の優劣を決定づけるキモは、真ん中の6割がどちら側に染まるかにあります。「優秀な人、頑張る人」のほうに染まると、全体の8割がきちんと成果を上げる。逆に彼らが「できない人、やらない人」のほうに寄ってしまうと、その組織全体の成果は目も当てられないものになるでしょう。

真ん中の6割は、確固たる意志や抜群のスキルがあるわけではありません。それでも、積極的にサボったりズルをしたりするような、根っからのダメな人でもありません。組織の雰囲気によってどちらにもなり得る人たちであり、まさに性弱説で想定する人物像そのものなのです。

個の能力が優れた社員の集まりであるキーエンスでも、この法則は当てはまります。だからこそ、「真ん中の6割」が腐らないようにするための仕組みを整えます。「面談件数をごまかすような人間はまずいないだろう」という性善説の視点に立ってしまうと、先ほどのような、「嘘をつく人が増えて組織全体のモチベーションや成果が低下するリスク」が増大します。だからこそ、「楽なほうに流されやすい人たちが多くいる」という性弱説の前提に立って仕組みの形骸化を防ぎ、組織のモチベーションと成果を維持する必要があるのです。

頑張る人に損をさせない

「1分単位の時間管理」「仕事の密度」「ハッピーコールで真偽を確認」。こういった言葉だけを見ると、人をとにかくたくさん働かせる組織だと見えるかもしれません。

しかしながら私は、これらのキーワードの真意がそこにあるとは考えていません。「頑張る人に損をさせない」「嘘をつく人に得をさせない」。これらに主眼があります。

キーエンスには、仕組みの形骸化防止とモチベーション維持のための仕組みが他にもあります。特に後者のモチベーション維持の仕組みは秀逸です。

モチベーションを考える上で参考になるのが、米国の心理学者、ハーズバーグが唱えた「動機付け・衛生理論」です。これは、仕事において社員のモチベーションと満足度に与える要素を、2つの要因で整理した理論です。

前者の「動機付け要因」とは、仕事の内容や評価に関連するもので、達成感、承認、責任、成長実感など、「あるとやる気につながる要因」です。例えば、成果をランキング形式で可視化し、自分の成長が体感できるような仕組みはこれに該当します。

後者の「衛生要因」とは、仕事環境や職場環境に関連するもので、給与、人間関係、職場の方針、管理方法など、それが「不足すると不満につながる要因」です。例えば、給与が少ない、評価が不公平、人間関係が不安定、といったものです。

その中でも、私が特に重要だと考えるのが、職場環境における公平性です。先ほどのような「嘘をついたほうが得になる評価実態」は公平性を欠き、衛生要因を悪化させます。

他にもキーエンスでは、出張に伴う移動や宿泊に際して、自身のマイレージやポイントをためるのはご法度です。出張がある社員だけが、仕事と直接関係がない金銭的なメリットを享受できる状態は不公平だという理由からです。

贈答品などの扱いも同じ。自分が担当する顧客からいかなる贈答品も受け取ってはいけません。筆者自身もキーエンス在職時代にこのルールを守った経験があります。担当していたパン工場から出来立てのパンを贈られるという状況になったのですが、ルールだからと丁重にお断りしました。もし、同僚や上司がこういった贈答品をもらうのが当たり前の組織だったら、私も受け取っていたでしょう。そして、顧客から何かを贈られる機会がない社員の衛生要因を悪化させる原因となっていたはずです。

業績評価の公平性を担保する工夫はハッピーコール以外にもあります。例えば、営業担当者の売り上げなどの数値を評価する指標を複数設けるのです。

一般的な企業では、年度の初めに立てた予算に対する達成率（予算達成率）で評価される場合が多いでしょう。年度予算額を1億円とされた人が1億2000万円売り上げると、予算達成率120％となり、その達成具合が評価対象となります。

キーエンスでは予算達成率だけではなく、前年実績からの伸び率、グロスの金額（金額自体の大きさ）も考慮されます。予算達成率だけでは正しい評価が難しいという考え

「仕組みを動かす仕組み」のイメージ

成長感の醸成	●評価ランキングの公開で**成長実感をさらに高める**
公平性の確保	●ハッピーコールの実施で嘘の申告を防ぎ、**公正な競争を促す** ●評価項目をトレードオフ関係にし、**担当間の不公平をなくす** ●マイレージ獲得・贈答品受け取りを禁止し、**部署間の不公平をなくす**

が反映されています。
先ほどの1億円の予算で1億2000万円を売り上げた事例で考えてみましょう。この担当者の昨年の売り上げ実績が1億5000万円だった場合、対前年伸び率は80%となります。つまり、このケースで予算達成率だけを指標とすると、昨年実績よりも低い売り上げにもかかわらず高く評価されます。

なぜそれが問題かというと、予算の立て方に問題があるからです。予算達成率しか評価しない場合、「顧客の業績が悪い」「昨年は突発的に大きな売り上げがあった」など様々な理由を主張して自身の予算額を下げることが、高い評価を得るために最も合理的な方法になってしまいます。

「担当者は営業として精いっぱい売ろうとするに違いない」という性善説の視点ではこの事実を見落とし、自身の予算額引き下げに長《た》けた人間に高い評価を与え続けます。

キーエンスの方式だとそうはいきません。仮に予算を下げたとしても、対前年伸び率が悪いため、思うような評価にはなりません。そうすることで、「変な策を弄さず、顧客にいい提案をして売り上げを伸ばそう」と考える人が増えるし、〝ズル〟をする同僚の評価を見てモチベーションを下げる人が減るのです。

グロス金額（金額自体の大きさ）の導入も効果的です。仮にこの1億2000万円という金額が、他の担当者と比べて低い場合は低い評価となります。つまり、前年を超える予算を立てて達成し、絶対金額も大きかった人が最も評価されるのです。

これだけやれば、企業への貢献度と評価の高さの連動率はかなり高まるでしょう。企業への貢献に応じて評価が決まる。これが公平性につながります。

項目間をトレードオフの関係にする

また、この3つの評価指標は、公平性という衛生要因だけではなく、動機付け要因にもなります。なぜなら、頑張った人が成長感や達成感を味わえる仕組みになっているからです。実は、この3つの指標はそれぞれがトレードオフの関係にあります。トレードオフとは、一方を成り立たせるともう一方の成立が難しくなるような関係をいいます。

この3つの評価指標の場合、グロスの金額が大きい人は、その項目では評価されますが、グロスが大きいとどうしても「伸び率」を稼ぎにくいからです。

中小企業が顧客の担当者は、グロスの金額がどうしても大企業の担当者より小さくなる傾向がある一方、伸び率を稼ぐ難度は大企業担当より低い。このように、「それぞれの担当者の置かれた状況によって、頑張りやすい分野がある環境」をつくっているのです。

そして、嘘の申告が発生しないためにハッピーコールのような仕組みを導入し、評価制度への信頼が失われないように努める。つまり、公平性という衛生要因をしっかりと押さえながら、チャレンジしたくなる要素を複数用意することで動機付け要因にもしています。さらに、ランキングが可視化され、成長実感を得られる点も動機付け要因になるのです。

1つの仕組みが他の仕組みと連動しているだけではなく、導入した仕組みが形骸化しないように、「仕組みを動かす仕組み」を取り入れる。まさに性弱説の視点に立った考え方です。仕組みはつくるだけではなく機能させなければなりません。キーエンスが長年、高収益を生み出し続けている秘訣はこうしたところにも隠れています。

昨今、形骸化した仕組みが原因とみられる残念な事案が多く発生しています。企業によるデータ偽装などは、「偽るしかない」「偽ったほうが得」と考えて動く人や部署によって引き起こされます。

企業の収益性を高めるためにも、頑張る社員を正しく評価するためにも、不正による不祥事を引き起こさないためにも、社内の制度や仕組みを点検し、機能するように担保する仕組みを導入してはどうでしょうか。

ポイント

◆「嘘をつかず正しく申告するはず」は性善説視点
◆性善説視点は衛生要因である公平性の担保が難しい
◆性弱説視点に立ち、「仕組みを動かす仕組み」を設ける

仕組みと仕組みを連動させて成果を上げる

▼最新のデジタルツールを入れても機能しないことがあります
▼主な原因は、「ツールさえ入れれば機能する」という性善説的視点です
▼ツールを使いこなす企業は、仕組み同士を連動させているのです

「DX戦略の一環として導入したCRMがどうも機能しない」

A社の社長から聞いた言葉です。CRM（Customer Relationship Management）とは、日本語では「顧客関係性マネジメント」と呼ばれ、顧客との関係を管理しながら、その関係を長期的に深めていくマネジメント手法です。昨今、このCRMもデジタル化

の波を受けて導入が進んでいます。

A社はオフィス向けセキュリティーシステムを販売しています。ビジネスの性格上、一度納入すると5年程度使用し、納入のたびに新しい機器との切り替えをします。従って販売活動は、新たに顧客を獲得する新規開拓と、一度納入した顧客を維持する既存顧客対応の2つがあります。後者は安定した収益を確保してくれるため、A社ではこれまでも重視してきました。そのため、クラウド型のCRMツールを導入したのです。

ところが、導入してみたもののなかなか機能しません。導入当初は、「時間がたてば社員も慣れてきて、情報も蓄積されていき、有効になるだろう」と楽観視していましたが、そうはいきませんでした。性善説な視点が仇《あだ》となったのです。

A社がCRMツールを導入する際に考えていた基本戦術は3つ。1つは、1カ月に1度のメール配信。毎月、定期的に顧客へ情報を発信し、顧客との接点を維持する。この中には3か月に1度の「最新情報を提供するオンラインセミナー」開催による、顧客への情報提供を含みます。

2つ目は、「最新情報を掲載したホワイトペーパー」をホームページ上に用意してメールマガジンで案内し、ダウンロードしてもらうという戦術。ホワイトペーパーとは、技術、商品、サービスに関する専門的な情報、ソリューション（課題解決）例などを詳細に記載したツールです。

そして3つ目は、これらへの関心度合いを顧客ごとに計測し、接点の強さとともに可視化。これにより、機器更新時の対応をスムーズに実施する作戦でした。

これらの戦術は3つとも、顧客との関係性をしっかりと維持し、更新率を高めるための仕組みです。A社では、CRMツール導入前は、1つ目の中に含まれる、3カ月に1度のセミナー開催のみでした。残りは今回のツール導入で初めて実施した仕組みです。

「導入するとこんな課題を解決する」が欲しい

なぜうまくいかなかったのでしょうか。一つは、セミナー以外は初めて導入する仕組みのため慣れていなかったというもの。ただ、理由は他にもあります。ホワイトペーパーの中身とそれを基にしたメールマガジンの内容が顧客に深く刺さらなかったのです。「カメラを使った遠隔サポートサービスの事例を紹介したホワイトペーパー」の例を見てみましょう。この資料では、「カメラとモニターとカメラ内蔵スピーカーを使い、遠隔で無人店舗をサポートするシステム構成」を紹介しています。しかし、「なぜ、それが無人店舗の運営に役に立つのか」「現状、一般的な無人店舗がどのような方法を採用していて、どんな課題があり、それに対してこの方法がどういったメリットを提供するのか」が明示されていませんでした。

つまり、「どういったシステムか」は書いてあるけれど、「なぜこれを使うといいのか」が書かれていなかったのです。顧客が知りたいのは、「人手不足対策に役立つ」「接客対応の効率化が図れる」といった情報なのです。

第2章で述べましたが、営業に関連する情報には種類があります。1つは「営業情報」といわれるものです。「いつ買うのか（時期）」「いくつ必要か（数量）」「いくらで買うのか（金額）」というように、商品・サービスの売買のために必要な情報です。

次が「仕様情報」と呼ばれる、商品・サービスの特長・仕様に関する情報です。「どういったシステム構成なのか」「大きさはいくらか」「特長は何か」といった類いのものです。

そして最後は、「開発情報」と呼ばれるものです。「どういった使い方ができるのか」「今の方法はどんなものなのか」「今の方法ではなぜダメなのか」といった類いの情報です。開発情報には、使い方、現状方法の問題点、顧客にとってのメリットなど、顧客が知りたい情報が多く含まれています。

なぜ開発情報と呼ぶかというと、この手の情報をしっかりと把握、収集することが、画期的な新商品や新サービスの開発につながるからです。販売時にこれをしっかりと確認できれば、顧客の真の困りごとを把握できるため、役立ち度の高い提案ができるようになります。

先ほどのカメラ遠隔サービスのホワイトペーパーが提供していた情報は仕様情報です。具体的には、「48インチのデジタルサイネージモニターは縦型で使えるため、人の視線と同じ高さで設置できる」「10Wのスピーカー内蔵で、ステレオマイクが取り付け可能。顧客と会話ができる」という内容でした。

パッと見ると、使えそうな気がします。しかし、実際にこの情報を与えられた顧客はどう思うでしょうか。「面白そうだが、どこで使おうか」と考える人が多いでしょう。つまり、ホワイトペーパーで提供した仕様情報だけでは、どんな商品・システムかは分かっても、自分たちの現場でどう役に立てればいいかが分からないのです。

例えば、最近はやりの無人運用で24時間営業するフィットネスクラブでの活用を考えてみましょう。有人店舗ではインストラクターが常駐しているので、顧客の要望に合わせたプランを作成したり、トレーニング機器の使い方などを説明したりできます。ところが、無人店舗だとそれができません。

しかしながら、このサービスを使えば、モニター越しに遠隔でアドバイスができるようになります。また、トラブル時の対応なども遠隔で対処できるようになります。しかも、顧客に呼び出されるときだけ対応すればいいので、1人のインストラクターが複数の店舗を担当できます。これにより、最低限の人件費で顧客満足度が向上し、無人店舗特有の弱点を解消できるようになります。

どこまで具体的にイメージしてもらえるか

こういった事例をホワイトペーパーで説明し、未導入時に比べて会員数が○○％増加したというような実績を入れると、顧客への役立ち度が高い情報となるのです。まさに、「どういった使い方ができるのか」「今の方法ではなぜダメなのか」「どういったメリットが出せるのか」といった開発情報と呼ばれる情報そのものです。先ほどの「48インチ」「縦型使用」「10Wのスピーカー内蔵」「マイク取り付け可」といった仕様情報とは、提供している情報の質が大きく異なるのは見て分かるでしょう。

なぜ仕様情報しか提供できなかったのでしょうか。答えは簡単です。ホワイトペーパーを作った経験がないのに、「営業担当者に頼めば作れるだろう」という性善説に基づいて何もしなかったからです。その結果、「開発情報が重要である」という知識がないまま進んでしまい、修正する機会もありませんでした。

CRMの導入によって、開発情報を収集する仕組みを社内に持ったものの、そこにたまっている情報の多くは「営業情報」「仕様情報」です。「ツールはあるのだからそれをうまく使いこなすだろう」と、ここでも性善説に基づいて、現場任せにしていました。

ここでA社の問題を再度整理してみましょう。A社はDXという大方針の下でCRMのシステムを導入し、メールマガジン配信、ホワイトペーパーの制作とダウンロード、そしてそのスコアリングという最先端の仕組みを導入しました。

しかしながら、メールマガジンとホワイトペーパーを通して顧客へ提供した情報のクオリティが低かったため、スコアリングが当てにならなくなり、導入したCRMがほとんど役に立たなかったのです。ニーズ情報を収集する仕組みはありましたが、それが活用できるレベルに達していなかったため、CRMが機能しなかったという結論になります。つまり、仕組みと仕組みがうまくつながっていなかったのです。

一方、キーエンスではどうなのでしょうか。キーエンスにも同じようなCRMの仕組みは存在します。ホームページには開発情報がふんだんに掲載された活用事例があふれ、それを見ると、キーエンスの商品を自社でどうやって活用すればいいかが分かりやすく例示されています。そして、活用事例が掲載されたホワイトペーパーが大量に存在し、ダウンロードできるようになっています。会員登録してダウンロードすると、数日以内（場合によっては数時間以内）に営業担当者からフォローの連絡が入ります。

ホワイトペーパーに使用する開発情報を集める仕組みも存在します。先に紹介した「ニーズカード」以外にも、価値のある情報を集める仕組みがあります。これは、商品の活用事例について、担当者が本社の販売支援部隊にフィードバックする仕組みです。

キーエンスの担当者は、顧客の業界知識を深く学習し、顧客の業務に非常に詳しい。しかも、顧客の相談に深く入り込み、工程知識などにも詳しくなります。筆者も半導体工場から自動車工場、製鉄所、食品工場、電子部品工場まで、ありとあらゆる顧客の現場に入った経験があります。「手に取ったモノを見れば、それがどういった機械でどうやって作られて、どれぐらいのコストでできるかほとんど分かる」というレベルです。

そういった達人がワンサカいるのがキーエンスであり、この人たちからは質の高い開発情報が届きます。それが質の高いホワイトペーパーの制作へとつながっていくのです。

さらに言えば、本社の販売支援部門の人たちはトップセールスマンの集まりです。集まってくる情報もレベルが高く、それを見極めてツールに落とし込む人のレベルも高い。

つまり、①現場に入り込んでいる営業担当者から質の高い開発情報がフィードバックされ、②それを判別してツールを制作する担当者も優秀なので、質の高いツールができる。③そしてそれをホワイトペーパーとしてホームページに掲載し、④顧客が興味を持ってダウンロードする。⑤ダウンロードした事実を基に、営業担当者が素早くフォローする、という一連の流れが出来上がっています。

1つが機能停止すると、他も機能しない

ここでのポイントは、①から⑤までが連動して機能しているという点です。冒頭のデジタルCRMツールは、このうちの③④の役割を代替してくれますが、①②⑤がないとなかなか機能しません。キーエンスでは①から⑤までがきれいにつながって機能してい

仕組みと仕組みを連動させる

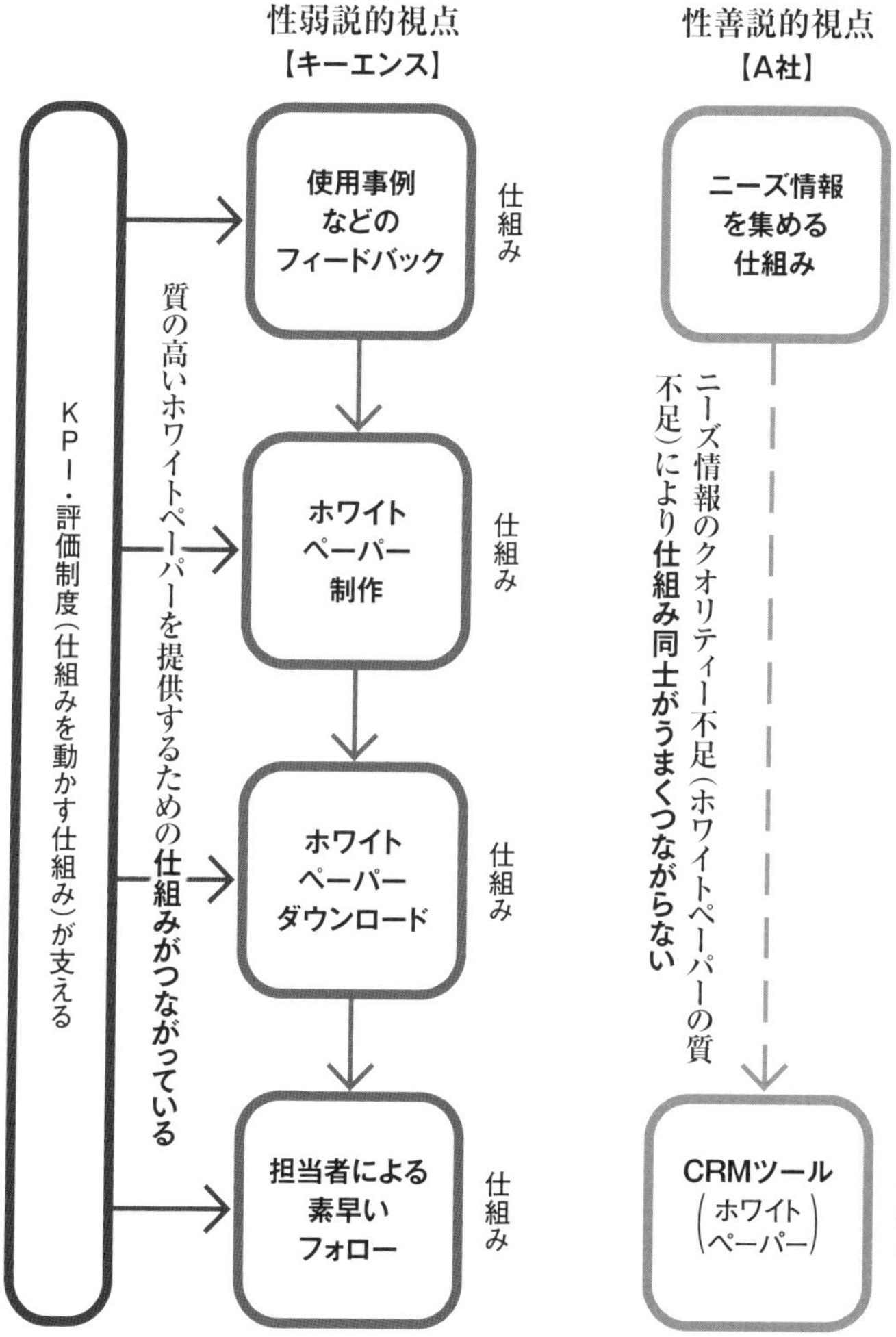

ることに加え、①②⑤の仕組みについても、性弱説的視点で機能させています。

具体的には、情報のフィードバック件数はKPIによって集計されるため、何らかの人事考課に反映されます。また、ツールを制作する人も、自分が担当する商品が売れないと評価されないため、必死になって制作します。このように、ただ、①②⑤の仕組みがあるだけではなく、それを機能させる仕組みが存在しているのです。この点については、「仕組み動かす仕組み」として詳しく述べました。

ここまで見てくると、冒頭のCRMツールが機能しないのは、「仕組みと仕組みのつながり」「仕組みを動かす仕組み」の欠如が原因だと想像がつくでしょう。自社には「情報を集める仕組みがあるからそれを使えばいい」という性善説的思考が根底にあったのです。しかもそこには、「ホワイトペーパーは開発情報に基づいて質の高いものを作らなければ顧客が関心を持たないかもしれない」という性弱説的視点が欠けていたのです。

昨今のDXブームの中で、CRMツールをはじめ多くのツールが登場してきました。これ自体は、うまく使えば非常に有用で、業務効率化や付加価値向上につながります。しかし、「ただ導入しても機能しないかもしれない」という性弱説的な視点が必要です。自社にDXツールを導入する際には、「それとつながる仕組みは何か」「仕組みを動かす仕組みはあるのか」という点について、しっかりと確かめる必要があるでしょう。

ポイント

◆情報は「営業情報」「仕様情報」「開発情報」の3種類
◆ホワイトペーパーの質向上は「開発情報」が決め手となる
◆「仕組みは単体では機能しない」という視点が必要

性弱説を支える論理的思考力の採用と公平な評価

▼性弱説視点の組織運営には、論理的思考力を持つ人材が必須です
▼そうした人材の獲得と公平な評価に、キーエンスは徹底的にこだわります
▼彼らの「構造・メカニズム解明への意思と能力」こそが、成果を生むからです

「靴を履いている人が非常に多くいる市場と、靴を履いていない人が非常に多くいる市場の2つがあります。あなたが靴メーカーのマーケティング担当者であれば、どちらの市場を狙いますか。また、その理由を聞かせてください」

これは、採用面接などでよく出てくる質問です。条件を提示して、それに対する考え

方を問い、その人の思考ロジックを観察するのが目的です。

この質問に対する答えで多いのが、前者はレッドオーシャン市場で後者はブルーオーシャン市場という捉え方をするパターン。レッドオーシャン市場とは、競合が非常に多くいる市場を「血の海」に例えています。レッドオーシャン市場への参入に際しては、先行している競合他社と差異化を行い、シェアを奪取するという戦略が模範解答です。ただし、後出しでシェアを獲得する必要があるため、非常に難易度が高くなります。

一方、後者のブルーオーシャン市場は青い海の例えで、競合がほとんど、もしくは全くいない市場です。ここへの参入は市場を整理し、新しい価値を提供していく戦略が王道です。ただし、こちらも簡単ではありません。顧客のニーズを間違わず拾わないといけないからです。顧客ニーズの収集が難しいことは、本書の読者ならもう、お分かりだと思います。

ちなみに就活生の回答で多いのは、前者の場合は「市場規模が大きいので、競合差異化を図り参入する」。後者の場合は「成長ポテンシャルがあるため、新しいニーズを拾いながら徐々に参入していく」という答えです。なぜ、こういった答えが多いかというと、生成ＡＩによる模範解答がそうなっているからです。

生成AIの模範解答では物足りない

しかし性弱説的な視点で見ると、これらの回答では物足りません。例えば、レッドオーシャン市場において競合差異化を図るというとき、それは差異化の余地があるという前提が必要です。後者の場合も同様に、正しくニーズを拾えるというのが前提です。差異化の余地があること、正しくニーズを拾えることを根拠なく認めているというのは、性善説的な視点に立っているというべきでしょう。

では、性弱説的な視点で見るとどうなるのでしょうか。レッドオーシャン市場では、差異化の余地があるかどうかがポイントとなり、その余地をどう見いだすかがカギとなります。例えば、「雨に強い防水性の高い靴」などは、ゲリラ豪雨増加という社会環境の変化が、新たな差異化の余地を生み出しています。このように、社会環境の変化を俯瞰《ふかん》して、その余地が見いだせそうなら参入する」という回答が、模範解答となります。

一方、ブルーオーシャン市場では、結局は何らかの潜在ニーズを拾わなければなりません。靴を履いていない人が大勢いるという事実は、「実は靴が必要」というニーズがない可能性を含んでいます。顧客ニーズを顧客の主観・意見ではなく、現状方法、事実・実態ベースで捉えていく必要性はこれまで述べてきた通りです。その捉え方をすると、「靴を履いていない／靴がいらない↓なぜいらないのか」というロジックでニーズを追究していく必要があります。

つまり、「後者のブルーオーシャン市場では、靴を履いていないのなら靴がいらない可能性がある。従って、なぜ靴を履いていないかを解明し、そこから新たなニーズを収集できればこちらに参入する」というのが模範解答となります。

「ちょっと待て。そんな高度な回答をする就活生などいない」と反論したい読者も多いでしょう。しかし、生成ＡＩで簡単に回答が作成できる時代、それを上回る答えを求める就活生がいても不思議ではありません。

キーエンスの内定倍率は50倍以上といわれています。ずいぶん昔の話ですが、筆者が入社した際は、１万人の応募に対し内定者は70人ぐらいでした。つまり、倍率１００倍以上です。そうなると、ほとんどの就活生が生成ＡＩの模範解答を出してくる中、１００人に１人ぐらいは、論理的思考能力に長《た》けた回答を出してくる人もいるでしょう。

それこそ「生成ＡＩの回答では他の就活生の中に埋もれてしまうかもしれない」と考えて、それより一歩踏み込んだ回答をする人がいると考えるべきです。手前味噌の話ですが、筆者も「靴がいらない理由を探る」という回答をしたことが記憶に残っています。

性弱説的な視点では論理的思考能力が非常に大事です。「因果」「メカニズム」で捉えないと答えが求められないからです。先ほどの、「ゲリラ豪雨のような環境変化から新たな差異化の余地を見いだす」「靴を履かない理由を紐解き、事実ベースから新たなニーズを探る」という回答のどちらも、「因果」「メカニズム」の解明がベースとなっています。

実際キーエンスでは、筆記試験の際に基礎的な能力を非常に重視します。ＩＱ(Intelligence Quotient：知能指数)、ＥＱ(Emotional intelligence quotient：心の知能指数)については、適正検査を2回ずつ実施していた時期もあるほど。1回ではばらつきが出てしまう懸念があるため、2回実施します。ここでも「ばらつきが出たら、正確に見定められないかもしれない」という性弱説的思考が見られます。

性弱説的な視点に立った採用活動では、「面接録画」という手法も採られました。これは就活生の許可を取った上で面接を録画するという手法です。録画する理由は2つ。1つは、面接官が間違った判断をしないようにするため。そしてもう1つが、入社した後にその人が活躍するかどうかを検証するためだそうです。前者は、論理的思考能力の基礎能力を持った人材をより確実に採用するために、面接官の誤判断を防ぐ工夫です。後者は、自分たちの採用選考の精度を検証するためのものです。

さらに採用過程では、「就活生から見えるものすべて」の細部まで検討します。企業説明会を実施する際に、「備品を入れてきた段ボールが見えないようにする」「机の位置が少しもゆがまないようにする」などのこだわりも性弱説視点ならではです。就活生が企業に対して悪いイメージを持つ可能性を少しでも減らしたいという考えによるものです。段ボールの露出、机の位置のずれは、本来の就活生が希望する仕事の内容とは関係がありません。それでもそこまでこだわるのは、「100人に1人の非常に優秀な就活生がいたとき、本来の業務とは関係ないところで企業に対するイメージを損ないたくない」という考えに基づいています。

実は、このような「本来の業務とは直接的に関係ないが、それにより企業全体のイメージを損ないたくない」という内容は他にもあります。ビジネス誌にキーエンスのルールとしてよく出てくる「白シャツ着用」「業務時の高級腕時計着用禁止」などがそれです。「白シャツ着用」とはスーツを着る際、「白以外の色は禁止」というルールです。「今時ブルーのシャツを着たからといって、企業のイメージを落とすこともないだろう」と考える読者が多いでしょう。しかしながら、「顧客が昔ながらの考え方を持っている人であれば、面談の結果に影響するかもしれない」と考えるのです。

後者も同様です。担当者が着けている腕時計に話題が及んだ際、それが必ずしも顧客にとってポジティブな印象とは限りません。

「あなたの○○の高級腕時計は、当社がキーエンスから買った高い商品のおかげだね」

筆者が言われた経験はないものの、こういった話を顧客からされたという営業担当者がいたのも事実です。顧客の多くは「キーエンスの商品は価格が高い」というイメージを持っています。そのため、本来の商品・提案内容とは関係のないところで顧客にネガティブなイメージを与えてしまう要素は極力排除したいのです。

評価制度にも性弱説に基づいた特徴があります。販売系の評価は、できるだけ不公平にならない制度設計が基本です。部署間や担当間での公平性を重視し、予算達成率だけではなく、複数指標で評価する制度は既に紹介した通りです。そして非販売系では、本人がどれだけ役に立ったかという「成果アクションの確認」が行われます。

これはその名の通り、四半期などの一定期間にどういった目標を立てて、その実践度合いを測定する目標管理制度の一種です。このやり方自体はどこの企業でもやっている一般的な手法です。ただ、キーエンスの場合はその中身がユニーク。例えば、自身が採用担当者で、四半期の目標を「企業説明会を20回する」という目標を立てたとします。その結果に対する評価面談では、「20回の中で何か工夫をしましたか」「その工夫はあなたにしかできない内容ですか」という類いの質問が出ます。要は、付加価値を高めるための工夫をしたかどうかが重要で、それ自体も自分でなければできない工夫なのか、という点を特に重視せよというメッセージなのです。

本書で幾度となく書いてきましたが、キーエンスは付加価値の塊のような企業です。売上高営業利益率で50%、売上総利益率では80%を常にキープしています。その業務の中では日々、工夫をしています。それでも、「あなたでなければできなかったことは何か」と毎回聞き、社員自身が付加価値を生み出すよう常に意識させます。「そんな質問をせずとも、普段から付加価値の創出を意識しているだろう」という発想は、まさに性善説的です。性弱説の視点に立つと、四半期ごとの成果確認会で毎回確認して初めて、意識付けができるのです。

職能資格制度でも「公平性」が意識されます。例えば、「各社員がそれぞれの等級に見合った仕事ができているか、成果が出せているか」という点は、どこの企業でも気になるでしょう。実際、自分と同じ等級（給与）なのに、全然仕事ができない人、成果を出していない人の存在を身近に感じる人は少なくないでしょう。それを感じる機会が少なければ問題は小さいですが、多くの社員がそのように感じていると、企業全体のモチベーションは確実に下がっていきます。

キーエンスでは、このような不公平感をなくすために、定期的に人事サーベイを実施します。サーベイで比較的有名なのは３６０度評価です。これは、１人の社員に対して上司だけではなく同僚や部下も評価する制度。評価対象者の納得感を得られやすくなるというメリットがあるなどの理由で、比較的多くの企業で採用されています。

しかし、キーエンスの３６０度評価は一歩先をいきます。一定の等級以上の全社員の一覧を公開し、それぞれの等級が適切かどうかを多面評価させるのです。

「そこまでやるか」という声が聞こえてきそうです。「ハッピーコール」「贈答品禁止」「白シャツ着用」などの「常時守らせるルール」と、こちらのような「時々実施する制度」を織り交ぜながら、公平性の確保に腐心しているのです。

たくさんの企業を見てきた筆者の見立てでは、そこまでやるから「真面目に一生懸命、

性弱説の視点による採用と評価

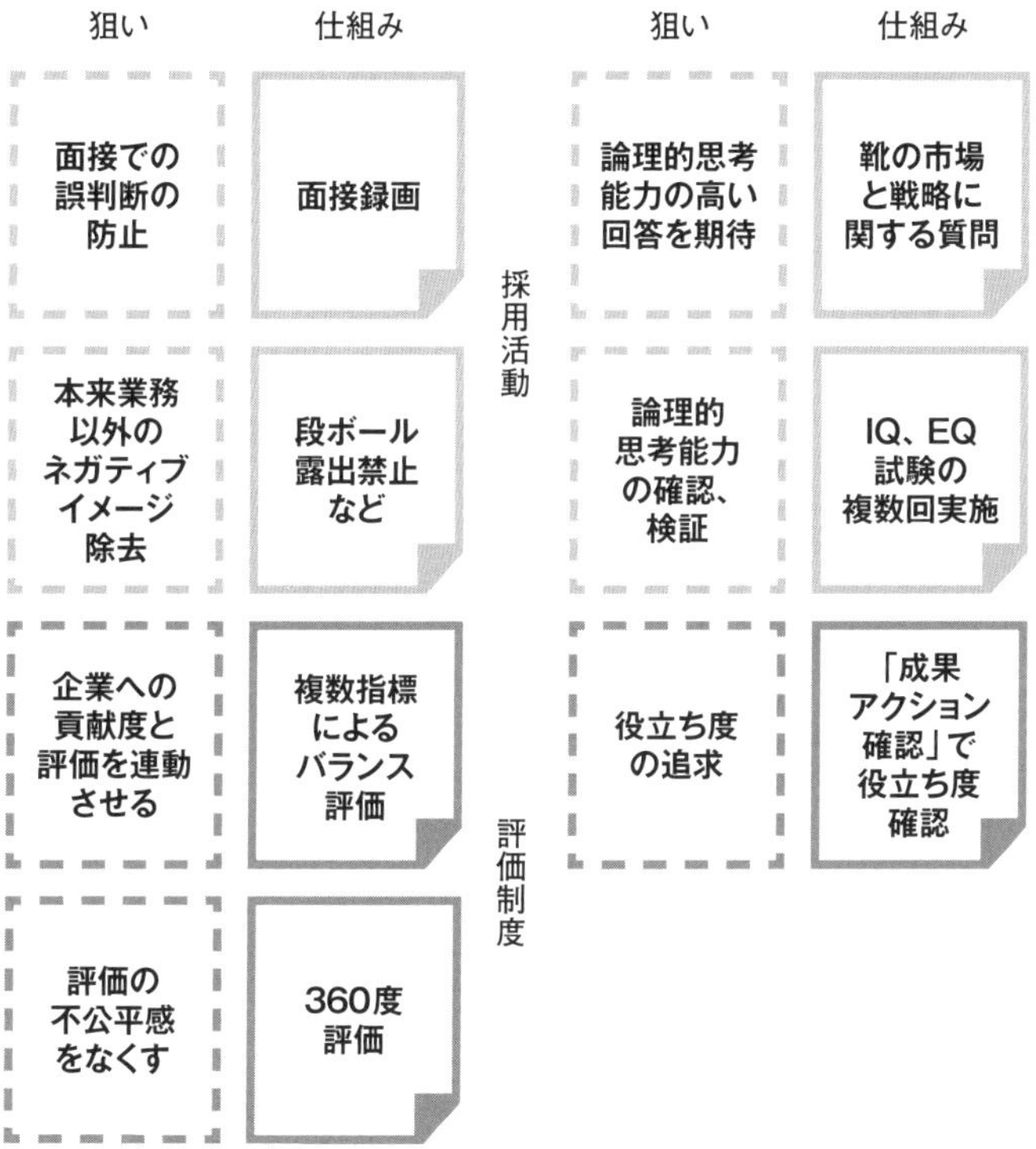

工夫をしながら働く」という、企業として最も大事な文化が定着しています。これらの努力をしないと、「動機付け・衛生理論」にある「不足すると不満がたまる衛生要因」を悪化させます。これらは現場が自発的にできるものではありません。性善説的な、甘い取り組みではまずできないと言い切れます。

戦略は細部に宿る

「戦略は細部に宿る」。性弱説視点における採用・評価制度を深堀りするためにインタビューした際、出てきた言葉です。キーエンス本社にいた頃に幾度となく聞いたものです。久しぶりに聞いて、聞いた瞬間ハッとしました。性弱説の視点が根付いているキーエンスの戦略は緻密で、一つひとつが細かく考えられており、まさに細部にこそ、キーエンスの戦略を感じられるのです。その緻密さは、大手上場企業も含めて数多くの企業を見てきた筆者でも、他社ではまだ見たことがありません。人は弱い生き物であり、楽なほうに流されがちです。だからこそ、戦略があり、それを担保する仕組み・ルールをつくり込むのです。

「最小の資本と人で、最大の付加価値を上げる」

経営理念に書かれているこの目標に向かって、様々な戦略が緻密に練り上げられ、日々密度の高い状態で実践されています。「性弱説の視点で今より少しだけ緻密に考えてみる」。これこそ、企業やそこで働く一人一人に求められている姿勢ではないでしょうか。

ポイント

- ◆論理的思考能力は性弱説視点の実践に必須
- ◆論理的思考能力の高い人の採用には性弱説が必要
- ◆衛生要因である公平性は自然には得られない

おわりに

「世界に通ずる新商品の開発を支援し、日本企業をもっと強くしたい」

こう思ったことが、私がコンサルタントになるきっかけでした。そう意気込んで独立したものの、「何かが違う」と日々、感じでいました。キーエンスというまれに見る高収益企業で学んだことと、世の中の企業で実践していることがどこか違ったのです。

この仕事を始めてから20年。数多くの企業を支援して見えてきたこと。それが「性善説の視点」か「性弱説の視点」かの違いだったのです。

この「発見」を伝えたい。まず伝えたのは日経ＢＰの神農将史さんでした。神農さんは、今は編集の仕事が中心ですが、コンサルティングの経験もあり、「分かってもらえるかも」という期待を持って話をし、日経トップリーダーの連載からスタートしました。

連載の原稿を見ていただく中、私の弱点も見えてきました。それは、伝えたいことは書けているものの、表現が難しく分かりにくいというもの。「読めば分かってもらえるだろう」と書いていたのですが、これは性善説的でした。それこそ神農さんには、「伝わらない読者がいるかもしれない」という性弱説的な視点で編集いただきました。

振り返ってみれば、連載、本書籍の編集をしていく過程においても、性善説と性弱説の違いを痛感する毎日でした。神農さんには、幾度となく行われた侃々諤々《かんかんがくがく》の議論をさせていただいたこと、そして、本書籍を出版するにあたり多大なご尽力をいただいたことに感謝申し上げます。併せて、連載、本書籍を出版していただきました日経BPにも御礼申し上げます。

また、一橋大学名誉教授、大阪大学名誉教授、神戸大学名誉教授であり、同志社大学特別客員教授の延岡健太郎先生には、長年にわたるキーエンス研究で、様々なご指導をいただきましたことに感謝申し上げます。

ビジネスシーンにおける「性弱説の視点」は、ちょっとした仕事のお願いの仕方から、大きな仕組みの構築まで、たくさんのビジネスシーンで応用できると考えています。

考え方をほんの少し変えるだけで成果が変わるかもしれない。皆さまの様々な仕事の場面で、この考え方が役に立つことをお祈り申し上げます。

２０２４年12月

高杉康成

高杉康成（たかすぎ・やすなり）
コンセプト・シナジー代表。経営学修士（MBA）。中小企業診断士。日本屈指の高収益企業、キーエンスの新商品・新規事業企画担当を務めた。退職後、新規事業や新製品開発、ビジネスの付加価値向上などの分野において、大企業から中小企業まで幅広い業種・企業の指導に携わる

キーエンス流 性弱説経営

人は善でも悪でもなく弱いものだと考えてみる

2024年12月 9日　第1版第1刷発行
2025年 4月25日　第1版第7刷発行

著　者	高杉康成
発行者	松井 健
発　行	株式会社日経BP
発　売	株式会社日経BPマーケティング 〒105-8308 東京都港区虎ノ門4-3-12
編　集	神農将史
カバーデザイン	小口翔平＋嵩あかり（tobufune）
本文デザイン	株式会社エステム
校　正	株式会社聚珍社
印刷・製本	TOPPANクロレ株式会社

ISBN978-4-296-20641-4　Printed in Japan